Sitzungsberichte
der Heidelberger Akademie der Wissenschaften
Mathematisch-naturwissenschaftliche Klasse

Die Jahrgänge bis 1921 einschließlich erschienen im Verlag von Carl Winter, Universitäts-buchhandlung in Heidelberg, die Jahrgänge 1922—1933 im Verlag Walter de Gruyter & Co. in Berlin, die Jahrgänge 1934—1944 bei der Weißschen Universitätsbuchhandlung in Heidelberg. 1945, 1946 und 1947 sind keine Sitzungsberichte erschienen.

Ab Jahrgang 1948 erscheinen die „Sitzungsberichte" im Springer-Verlag.

Inhalt des Jahrgangs 1952:

1. W. Rauh. Vegetationsstudien im Hohen Atlas und dessen Vorland. DM 17.80.
2. E. Rodenwaldt. Pest in Venedig 1575—1577. Ein Beitrag zur Frage der Infektkette bei den Pestepidemien West-Europas. DM 28.—.
3. E. Nickel. Die petrogenetische Stellung der Tromm zwischen Bergsträßer und Böllsteiner Odenwald. DM 20.40.

Inhalt des Jahrgangs 1953/55:

1. Y. Reenpää. Über die Struktur der Sinnesmannigfaltigkeit und der Reizbegriffe. DM 3.50.
2. A. Seybold. Untersuchungen über den Farbwechsel von Blumenblättern, Früchten und Samenschalen. DM 13.90.
3. K. Freudenberg und G. Schuhmacher. Die Ultraviolett-Absorptionsspektren von künstlichem und natürlichem Lignin sowie von Modellverbindungen. DM 7.20.
4. W. Roelcke. Über die Wellengleichung bei Grenzkreisgruppen erster Art. DM 24.30.

Inhalt des Jahrgangs 1956/57:

1. E. Rodenwaldt. Die Gesundheitsgesetzgebung der Magistrato della sanità Venedigs 1486—1550. DM 13.—.
2. H. Reznik. Untersuchungen über die physiologische Bedeutung der chymochromen Farbstoffe. DM 16.80.
3. G. Hieronymi. Über den altersbedingten Formwandel elastischer und muskulärer Arterien. DM 23.—.
4. Symposium über Probleme der Spektralphotometrie. Herausgegeben von H. Kienle. DM 14.60.

Inhalt des Jahrgangs 1958:

1. W. Rauh. Beitrag zur Kenntnis der peruanischen Kakteenvegetation. DM 113.40.
2. W. Kuhn. Erzeugung mechanischer aus chemischer Energie durch homogene sowie durch quergestreifte synthetische Fäden. DM 2.90.

Inhalt des Jahrgangs 1959:

1. W. Rauh und H. Falk. Stylites E. Amstutz, eine neue Isoëtacee aus den Hochanden Perus. 1. Teil. DM 23.40.
2. W. Rauh und H. Falk. Stylites E. Amstutz, eine neue Isoëtacee aus den Hochanden Perus. 2. Teil. DM 33.—.
3. H. A. Weidenmüller. Eine allgemeine Formulierung der Theorie der Oberflächenreaktionen mit Anwendung auf die Winkelverteilung bei Strippingreaktionen. DM 6.30.
4. M. Ehlich und M. Müller. Über die Differentialgleichungen der bimolekularen Reaktion 2. Ordnung. DM 11.40.
5. Vorträge und Diskussionen beim Kolloquium über Bildwandler und Bildspeicherröhren. Herausgegeben von H. Siedentopf. DM 16.20.
6. H. J. Mang. Zur Theorie des α-Zerfalls. DM 10.—.

Sitzungsberichte der Heidelberger Akademie der Wissenschaften
Mathematisch-naturwissenschaftliche Klasse

Jahrgang 1973, 2. Abhandlung

H. Neunhöffer

Über die analytische Fortsetzung von Poincaréreihen

(Vorgelegt in der Sitzung vom 2. Juni 1973 durch F. K. Schmidt)

Springer-Verlag Berlin Heidelberg New York 1973

ISBN-13: 978-3-540-06445-9   e-ISBN-13: 978-3-642-99999-4
DOI: 10.1007/978-3-642-99999-4

Universitätsdruckerei H. Stürtz AG, Würzburg

Über die analytische Fortsetzung von Poincaréreihen

Helmut Neunhöffer

Mathematisches Institut der Universität Heidelberg

Inhaltsverzeichnis

Einleitung

Für die von H. Maaß in [4] eingeführten nicht-analytischen automorphen Formen hat W. Roelcke in seinen Arbeiten [8, 10] und [11] eine Spektraltheorie entwickelt. Die Hauptergebnisse sind eine Vollständigkeitsrelation und ein Entwicklungssatz für das vorliegende Eigenwertproblem. Bei Grenzkreisgruppen erster Art mit Spitzen sind die Aussagen wesentlich verschärft, wobei vor allem das kontinuierliche Spektrum durch analytisch fortgesetzte Eisensteinreihen genauer beschrieben wird. Der große Einfluß, den A. Selberg auf diese Untersuchungen hatte, ist in der Einleitung zu [10] gewürdigt.

Nun wollen wir kurz die wichtigsten Methoden und Ergebnisse der vorliegenden Arbeit beschreiben.

Es bezeichne $\mathfrak{H}$ die obere Halbebene, bestehend aus den Punkten $z = x + iy$ mit positivem Imaginärteil, Γ eine Grenzkreisgruppe erster Art mit Spitzen und Δ den Laplace-Operator $y^2 \left(\dfrac{\partial^2}{\partial x^2} + \dfrac{\partial^2}{\partial y^2} \right)$. Wir interessieren uns für Γ-invariante Lösungen der Eigenwertgleichung $-\Delta f = \lambda f$.

Für $\zeta \in \mathfrak{H}$ setzen wir $T = \begin{pmatrix} 1 & -\zeta \\ 1 & -\bar{\zeta} \end{pmatrix}$. Die Substitution

$$z \mapsto T(z) = \frac{z - \zeta}{z - \bar{\zeta}}$$

bewirkt in bekannter Weise den Übergang von der oberen Halbebene in den Einheitskreis. Lösungen der Eigenwertgleichung werden nun nach dem Prinzip der Quersummation durch Poincaréreihen angesetzt. Wir setzen $s(1-s)=\lambda$ und definieren die Poincaréreihe zum Punkt ζ, zum Parameter s und zum Index n durch

$$P(z,\zeta,s,n)=\sum_{M\in\Gamma}(TM(z))^{-\frac{|n|+n}{2}}\overline{(TM(z))}^{-\frac{|n|-n}{2}}(1-|TM(z)|^2)^s$$
$$\cdot F\left(s+|n|,s;2s;1-|TM(z)|^2\right),$$

wobei $F(\alpha,\beta;\gamma;z)$ die hypergeometrische Funktion bedeutet. Ist ξ eine parabolische Spitze von Γ und Γ_ξ der Stabilisator von ξ in Γ, ferner $A(\xi)=\infty$ und $A^{-1}\begin{pmatrix}1&1\\0&1\end{pmatrix}A$ die parabolische Grundmatrix von Γ_ξ, so definieren wir die Poincaréreihe zur Spitze ξ, zum Parameter s und zum Index $n\neq0$ durch

$$P(z,\xi,s,n)=\sum_{M\in\Gamma_\xi\backslash\Gamma}(\mathrm{Im}(AM(z)))^{\frac{1}{2}}$$
$$\cdot I_{s-\frac{1}{2}}(2\pi|n|\,\mathrm{Im}(AM(z)))\,e^{2\pi i n\,\mathrm{Re}(AM(z))},$$

wobei $I_{s-\frac{1}{2}}$ die Besselfunktion zu rein imaginärem Argument bedeutet.

Für $n=0$ definieren wir

$$P(z,\xi,s,0)=E_\xi(z,s)=\sum_{M\in\Gamma_\xi\backslash\Gamma}(\mathrm{Im}(AM(z)))^s,$$

die Eisensteinreihe zur Spitze ξ.

Für alle diese Reihen ist die absolute Konvergenz nur für $\mathrm{Re}(s)>1$ garantiert, während das Spektrum des elliptischen Operators $-\Delta$ in $\{\lambda\in\mathbb{R},\lambda\geqq0\}$ enthalten ist, und dies entspricht der Menge

$$\{s\in\mathbb{C}\,|\,\mathrm{Re}(s)=\tfrac{1}{2}\text{ oder }s\in\mathbb{R},0\leqq s\leqq1\}.$$

Auch besitzen alle diese Reihen am Entwicklungspunkt eine Singularität. Im Fall einer parabolischen Spitze ξ bedeutet dies unbeschränktes Anwachsen für $z\to\xi$. Es zeigt sich aber, daß sich beide Schwierigkeiten durch analytische Fortsetzung beheben lassen.

Die analytische Fortsetzung der Eisensteinreihen erfolgt in § 5. Wir zeigen, daß die Eisensteinreihen im Bereich ihrer absoluten Konvergenz einer Integralgleichung genügen, die mit einer Fredholmschen äquivalent ist.

In der Idee lehnt dieser Beweis sich an jenen an, den A. Selberg in seiner Göttinger Vorlesung [12] 1954/55 für den Fall einer Spitze ausführte und für den Fall mehrerer Spitzen skizzierte. Alle anderen veröffentlichten Beweise verwenden eine andere Beweisidee. Auch sind sie entweder nur skizziert, wie der von A. Selberg auf dem Internationalen Mathematiker-Kongreß in Stockholm 1962 vorgetragene (s. [13]), oder sie verwenden tiefliegende Hilfsmittel aus der Lie-Gruppen-Theorie, wie etwa der sehr allgemeine und schwer lesbare von R. P. Langlands [3].

Die ins Spektrum fortgesetzten Eisensteinreihen wachsen zwar in den parabolischen Spitzen noch so an, daß sie nicht quadratisch integrierbar sind, aber so schwach, daß sie integrierbar sind. Dieses Verhalten entspricht der Tatsache, daß sie das kontinuierliche Spektrum aufspannen, wie Roelcke in [11] gezeigt hat.

Die Poincaréreihen werden nach einer ganz anderen Methode analytisch fortgesetzt. Wir führen modifizierte Poincaréreihen ein durch

$$\tilde{P}(z,\zeta,s,n)=\sum_{M\in\Gamma}\left(TM(z)\right)^{\frac{|n|+n}{2}}\overline{\left(TM(z)\right)}^{\frac{|n|-n}{2}}\left(1-|TM(z)|^2\right)^s$$

und

$$\tilde{P}(z,\xi,s,n)=\sum_{M\in\Gamma_\xi\backslash\Gamma}\left(\mathrm{Im}\left(AM(z)\right)\right)^s e^{-2\pi|n|\,\mathrm{Im}\,(AM(z))}\,e^{2\pi i n\,\mathrm{Re}\,(AM(z))}.$$

Dann lassen sich die Differenzen $P-\tilde{P}$ durch die gliedweise gebildeten Differenzen der Reihen in den Bereich $\mathrm{Re}\,(s)>0$ analytisch fortsetzen. Die Funktionen $\tilde{P}(z,\zeta,s,n)$ und $\tilde{P}(z,\xi,s,n)$ werden in diesen Bereich analytisch fortgesetzt, indem man sie als Funktionen von z nach Eigenfunktionen von $-\Delta$ entwickelt und die Entwicklungskoeffizienten analytisch fortsetzt. An dieser Stelle werden die Spektralsätze von Roelcke [11] verwendet. Nach dieser Methode haben auch Huber [2] und Selberg [14] Fragen analytischer Fortsetzung behandelt.

Die Fortsetzung von $P(z,\zeta,s,n)$ und $P(z,\xi,s,n)$ in den Bereich $\mathrm{Re}\,(s)\leqq 0$ erfolgt mit Hilfe einer Funktionalgleichung, die $P(z,\cdot,s,n)$ mit $P(z,\cdot,1-s,n)$ in Beziehung setzt. Es zeigt sich, daß diese Funktionen sich nur um eine Linearkombination von Eisensteinreihen unterscheiden.

Die Residuen der Poincaréreihen sind quadratisch integrierbare Eigenfunktionen von $-\Delta$, weil die bezüglich z singulären Bestandteile der Reihen als Funktionen von s in der ganzen Ebene holomorph sind und deshalb bei der Residuenbildung wegfallen. Zum Schluß wird gezeigt, daß die Residuen der Poincaréreihen zu einem festen Entwicklungspunkt alle quadratisch integrierbaren Eigenfunktionen von $-\Delta$ linear erzeugen.

Meinem Lehrer, Prof. Dr. H. Maaß, danke ich für die Anregung zu dieser Arbeit und für die ausführliche Diskussion aller Ergebnisse.

§ 1. Definition der automorphen Funktionen

Es bezeichne $\mathfrak{H}$ die obere Halbebene, also

$$\mathfrak{H}=\{z;\,z=x+iy,\,y>0\},$$
$$ds^2=\frac{dx^2+dy^2}{y^2}$$

sei das Quadrat des Linienelements. Dieses ist unter den Substitutionen

$$z \mapsto M(z) = \frac{az+b}{cz+d}$$

mit

$$M = \begin{pmatrix} a & b \\ c & d \end{pmatrix} \in SL(2, \mathbb{R})$$

invariant. Das zugehörige Flächenelement ist

$$d\omega = \frac{dx\,dy}{y^2}.$$

Der hyperbolische Abstand zweier Punkte z und ζ werde mit $|z, \zeta|$ bezeichnet.

Γ bedeutet in dieser Arbeit eine Grenzkreisgruppe erster Art mit Spitzen. Demnach hat Γ einen von endlich vielen hyperbolischen Geraden berandeten Fundamentalbereich $\mathfrak{F}$ mit endlich vielen parabolischen Spitzen, der von endlichem Volumen ist. Wir fassen Γ als Untergruppe von $SL(2, \mathbb{R})$ auf und setzen $-E \in \Gamma$ voraus.

Mit Δ bezeichnen wir den Laplace-Operator

$$y^2 \left(\frac{\partial^2}{\partial x^2} + \frac{\partial^2}{\partial y^2} \right).$$

Dies ist im wesentlichen der einzige invariante Differentialoperator auf $\mathfrak{H}$. Das bedeutet genauer: Jeder mit allen Substitutionen aus $SL(2, \mathbb{R})$ vertauschbare Differentialoperator auf $\mathfrak{H}$ ist ein Polynom in Δ mit komplexen Koeffizienten.

Wie W. Roelcke in [8, 10] und [11] werden wir gewöhnlich den Operator $-\Delta$ betrachten, weil dann die Eigenwerte positiv ausfallen.

Nun sind die Bezeichnungen soweit geklärt, daß wir zur Definition der automorphen Funktionen übergehen können.

Definition 1.1. *Die Funktion $f: \mathfrak{H} \to \mathbb{C}$ heißt automorphe Funktion zur Gruppe Γ und zum Eigenwert λ, wenn gilt:*

a) *$f(M(z)) = f(z)$ für $M \in \Gamma$.*

b) *f ist reell-analytisch in x und y und erfüllt die Differentialgleichung*

$$-\Delta f = \lambda f \quad oder \quad (\Delta + \lambda)f = 0. \tag{1.1}$$

c) *Ist $A \in SL(2, \mathbb{R})$ und $A^{-1}(\infty)$ eine parabolische Spitze von Γ, so gibt es ein $\kappa \in \mathbb{R}$, so daß gilt*

$$f(A^{-1}(z)) = O(y^\kappa) \text{ für } y \to \infty \text{ gleichmäßig in } x. \tag{1.2}$$

Die O- und die o-Bezeichnung verwenden wir in der bekannten Landauschen Bedeutung.

Der geeignete Hilbertraum für die Spektraltheorie von Δ ist

$$L^2\left(\mathfrak{F}, \frac{dx\,dy}{y^2}\right),$$

der Raum der quadratisch integrierbaren Funktionen auf $\mathfrak{F}$, wobei wie üblich Funktionen als gleich betrachtet werden, die sich nur auf einer Nullmenge unterscheiden. Häufig werden wir Funktionen auf $\mathfrak{F}$ als Γ-invariante Funktionen auf $\mathfrak{H}$ auffassen.

§ 2. Die Entwicklungen von Eigenfunktionen des Laplace-Operators zu Punkten der oberen Halbebene und zu parabolischen Spitzen

Wenden wir uns zunächst der Entwicklung zu einem inneren Punkt zu.

Sei ζ ein fester innerer Punkt der oberen Halbebene. Die Funktion $z \mapsto f(z)$ sei in einer punktierten Umgebung von ζ reell-analytisch. Über das Verhalten in ζ setzen wir zunächst nichts voraus. Weiter sei f Eigenfunktion von $-\Delta$ zum Eigenwert $\lambda \in C$, $\lambda \neq 0$, es gelte also

$$\Delta f + \lambda f = 0. \tag{2.1}$$

Wie man sieht, erfüllt jede automorphe Funktion zum Eigenwert λ diese Bedingungen.

Nun führen wir durch

$$w = \rho e^{i\varphi} = \frac{z-\zeta}{z-\bar\zeta} \quad \text{mit} \quad 0 \leq \rho < 1 \quad \text{und} \quad 0 \leq \varphi < 2\pi \tag{2.2}$$

neue Koordinaten ein, gehen also zum Einheitskreis als Modell der hyperbolischen Ebene über. Dann ist

$$\rho = \frac{e^{|z,\zeta|}-1}{e^{|z,\zeta|}+1} \tag{2.3}$$

und

$$|z,\zeta| = \log\left(\frac{1+\rho}{1-\rho}\right). \tag{2.4}$$

Wir bezeichnen die Funktion

$$(\rho, \varphi) \mapsto f\left(\frac{\zeta-\bar\zeta\rho e^{i\varphi}}{1-\rho e^{i\varphi}}\right)$$

mit $f(\rho, \varphi)$.

Der Laplace-Operator lautet in den Koordinaten ρ, φ

$$\Delta = \frac{(1-\rho^2)^2}{4}\left(\frac{\partial^2}{\partial\rho^2}+\frac{1}{\rho}\frac{\partial}{\partial\rho}+\frac{1}{\rho^2}\frac{\partial^2}{\partial\varphi^2}\right). \tag{2.5}$$

Für $\rho > 0$ ist $f(\rho, \varphi)$ reell-analytisch in ρ und φ. Deshalb konvergiert die Fourier-Entwicklung

$$f(\rho, \varphi) = \sum_{n=-\infty}^{\infty} a_n(\rho)\, e^{in\varphi} \tag{2.6}$$

absolut und auf Kompakta gleichmäßig und darf gliedweise differenziert werden. Somit folgt aus (2.1) und (2.5) durch Koeffizientenvergleich, daß $a_n(\rho)$ der gewöhnlichen Differentialgleichung

$$a''(\rho) + \frac{1}{\rho}\, a'(\rho) + \left(\frac{4\lambda}{(1-\rho^2)^2} - \frac{n^2}{\rho^2}\right) a(\rho) = 0 \tag{2.7}$$

genügt.

Setzt man hier $\rho^2 = r$ und $a(\rho) = \tilde{a}(r)$, so erhält man für $\tilde{a}(r)$ die Differentialgleichung

$$\tilde{a}''(r) + \frac{1}{r}\, \tilde{a}'(r) + \left(\frac{\lambda}{r(1-r)^2} - \frac{n^2}{4r^2}\right) \tilde{a}(r) = 0. \tag{2.8}$$

Hier bedeutet $'$ natürlich Ableitung nach r.

(2.8) ist eine verallgemeinerte hypergeometrische Differentialgleichung, deren Lösungstheorie vollständig bekannt ist. Ihre singulären Punkte sind 0, 1 und ∞. Die Wurzeln der Indexgleichungen zum Punkt $r=0$ sind $\pm\frac{|n|}{2}$, und zu $r=1$ sind es $\frac{1}{2}\pm\sqrt{\frac{1}{4}-\lambda}$. Wir setzen

$$s = \tfrac{1}{2} + \sqrt{\tfrac{1}{4}-\lambda}, \tag{2.9}$$

wobei $+\sqrt{}$ die Wurzel mit positivem Realteil bedeutet; ist λ reell und $>\frac{1}{4}$, so ist die Wurzel mit positivem Imaginärteil gemeint.

Eine bequeme Darstellung der Lösungen von (2.8) ergibt sich nun, wenn man diese Differentialgleichung durch die Substitution

$$\overset{\approx}{a}(r) = r^{-\frac{|n|}{2}}(1-r)^{-s}\,\tilde{a}(r)$$

in die hypergeometrische Differentialgleichung

$$r(1-r)\overset{\approx}{a}{}''(r) + (|n|+1-(|n|+1+2s)r)\overset{\approx}{a}{}'(r) - (s+|n|)s\overset{\approx}{a}(r) = 0 \tag{2.10}$$

überführt. Aus Bateman [1], S. 75, 2.3.1 entnimmt man, daß man die allgemeine Lösung von (2.10) in der Form

$$\overset{\approx}{a}(r) = \alpha_1 F(s+|n|, s; |n|+1; r) + \alpha_2 F(s+|n|, s; 2s; 1-r) \tag{2.11}$$

mit konstanten α_1, α_2 darstellen kann.

Damit ergibt sich für $a_n(\rho)$ die allgemeine Form

$$a_n(\rho)=\rho^{|n|}(1-\rho^2)^s\{\alpha_{n,\,1}\,F(s+|n|,s;|n|+1;\rho^2) \\ +\alpha_{n,\,2}\,F(s+|n|,s;2s;1-\rho^2)\}. \tag{2.12}$$

Wir interessieren uns für das Verhalten beider Terme dieser Darstellung, wenn ρ gegen 0 strebt. Für den ersten Term ist alles klar, da

$$F(s+|n|,s;|n|+1;\rho^2)$$

bei $\rho=0$ regulär ist. Für den zweiten Term verwendet man aus Bateman [1], S, 110, 2.10 die Formel (14), die $F(a,b;a+b-m;z)$ als Funktion von $1-z$ ausdrückt (die Formel ist so umfänglich, daß wir sie hier nicht reproduzieren werden), und erhält für $n\neq0$

$$\lim_{\rho\to0}\rho^{2\,|n|}\,F(s+|n|,s;2s;1-\rho^2)=\frac{\Gamma(|n|)\,\Gamma(2s)}{\Gamma(s+|n|)\,\Gamma(s)}. \tag{2.13}$$

Für $n=0$ bekommt man die genauere Aussage:

Die Funktion

$$F(s,s;2s;1-\rho^2)+\frac{2\Gamma(2s)\log\rho}{(\Gamma(s))^2} \tag{2.14}$$

ist in $\rho=0$ als stetige Funktion erklärbar.

Ist $f(z)$ auch im Punkt ζ regulär, so sind alle $a_n(\rho)$ für $\rho\to0$ beschränkt, und alle $\alpha_{n,\,2}$ verschwinden. Damit haben wir folgendes Lemma bewiesen:

Lemma 2.1. *Ist* $f(z)$ *in einer vollen Umgebung von* $\zeta\in\mathfrak{H}$ *reell-analytisch, ist* $\Delta f+s(1-s)f=0$ *mit* $\mathrm{Re}\,(s)\geqq\frac{1}{2}$, $s\neq1$, *so besitzt* f *mit* $\rho\,e^{i\varphi}=\dfrac{z-\zeta}{z-\bar\zeta}$ *eine Entwicklung der Form*

$$f(z)=\sum_{n=-\infty}^{\infty}\alpha_n\rho^{|n|}(1-\rho^2)^s\,F(s+|n|,s;|n|+1;\rho^2)\,e^{in\varphi} \tag{2.15}$$

mit konstanten α_n.

Nun kommen wir zur Entwicklung zu einer parabolischen Spitze. Wir erledigen zunächst den Fall, daß diese Spitze ∞ ist, und führen dann den allgemeinen Fall darauf zurück. Da wir die Aussage später in dieser Form benötigen, setzen wir nicht in einer Umgebung von ∞, sondern nur in einem waagerechten Streifen $C_0<y<C_1$ voraus, daß $f(z)$ reell analytisch ist, daß (2.1) gilt und daß

$$f(z+1)=f(z) \tag{2.16}$$

ist.

Weil f reell-analytisch ist, konvergiert in dem Streifen wieder die Fourier-Entwicklung

$$f(x+iy) = \sum_{n=-\infty}^{\infty} b_n(y) e^{2\pi i n x} \tag{2.17}$$

absolut und auf Kompakta gleichmäßig. Wieder kann man den Laplace-Operator gliedweise anwenden und Koeffizientenvergleich durchführen. Dann ergibt sich, daß $b_n(y)$ der gewöhnlichen Differentialgleichung

$$y^2 b''(y) + (\lambda - 4\pi^2 n^2 y^2) b(y) = 0 \tag{2.18}$$

genügt. Wieder setzt man

$$s = \tfrac{1}{2} + \sqrt{\tfrac{1}{4} - \lambda},$$

mit der gleichen Wahl des Zweiges der Wurzel. Für $n=0$ lautet die Differentialgleichung dann

$$b''(y) + \frac{s(1-s)}{y^2} b(y) = 0, \tag{2.19}$$

und ihre allgemeine Lösung ist

$$b(y) = \beta_1 y^{1-s} + \beta_2 y^s. \tag{2.20}$$

Für $n \neq 0$ setzt man $\tilde{b}(2\pi|n|y) = y^{-\frac{1}{2}} b(y)$.

Dann ergibt sich für $\tilde{b}(y)$ die Differentialgleichung

$$y^2 \tilde{b}''(y) + y \tilde{b}'(y) - ((s-\tfrac{1}{2})^2 + y^2) \tilde{b}(y) = 0. \tag{2.21}$$

Dies ist jene Differentialgleichung, deren Lösungen als modifizierte Besselfunktionen bekannt sind. Die allgemeine Lösung lautet (s. Watson [16], S. 77, 3.7)

$$\tilde{b}(y) = \beta_1 K_{s-\frac{1}{2}}(y) + \beta_2 I_{s-\frac{1}{2}}(y) \tag{2.22}$$

mit

$$I_{s-\frac{1}{2}}(y) = \sum_{m=0}^{\infty} \frac{(\tfrac{1}{2}y)^{s-\frac{1}{2}+2m}}{m! \, \Gamma(s+m+\tfrac{1}{2})} \tag{2.23}$$

und

$$K_{s-\frac{1}{2}}(y) = \frac{1}{2} \pi \frac{I_{\frac{1}{2}-s}(y) - I_{s-\frac{1}{2}}(y)}{\sin(s-\tfrac{1}{2})\pi}. \tag{2.24}$$

Damit ergibt sich für $b_n(y)$ im Fall $n \neq 0$ die allgemeine Form

$$b_n(y) = y^{\frac{1}{2}} \{ \beta_{n,1} K_{s-\frac{1}{2}}(2\pi|n|y) + \beta_{n,2} I_{s-\frac{1}{2}}(2\pi|n|y) \}. \tag{2.25}$$

Im Fall $n=0$ haben wir

$$b_0(y) = \beta_{0,1} y^{1-s} + \beta_{0,2} y^s. \tag{2.26}$$

Hier interessieren wir uns für das Verhalten beider Terme, wenn y gegen ∞ strebt. Für $n=0$ ist das ganz klar, und für $n\neq 0$ liefert die asymptotische Entwicklung aus Watson [16], S. 202, 7.23 die Aussagen

$$\lim_{y\to\infty} y^{\frac{1}{2}} e^{2\pi|n|y} K_{s-\frac{1}{2}}(2\pi|n|y)=|n|^{-\frac{1}{2}} 2^{-1} \tag{2.27}$$

und

$$\lim_{y\to\infty} y^{\frac{1}{2}} e^{-2\pi|n|y} I_{s-\frac{1}{2}}(2\pi|n|y)=|n|^{-\frac{1}{2}} \frac{1}{2\pi}. \tag{2.28}$$

Ist $f(z)$ für $y\to\infty$ in x gleichmäßig beschränkt, so sind auch alle $b_n(y)$ für $y\to\infty$ beschränkt, und alle $\beta_{n,2}$ verschwinden. Dann ergibt sich, wenn man β_n statt $\beta_{n,1}$ schreibt,

$$f(x+iy)=\beta_0 y^{1-s}+\sum_{\substack{n=-\infty\\n\neq 0}}^{\infty} \beta_n y^{\frac{1}{2}} K_{s-\frac{1}{2}}(2\pi|n|y) e^{2\pi inx}. \tag{2.29}$$

Ist außerdem $\frac{1}{2}\leq \mathrm{Re}\,(s)<1$, so ist auch $\beta_0=0$, und f fällt für $y\to\infty$ exponentiell ab.

Nun müssen wir dieses Ergebnis noch auf den Fall einer beliebigen Spitze ζ übertragen. Wir nehmen also an, daß f in folgendem Sinn periodisch ist: Es gibt ein $A\in SL(2,\mathbb{R})$ mit $A(\zeta)=\infty$, so daß

$$f\left(A^{-1}\begin{pmatrix}1 & 1\\ 0 & 1\end{pmatrix}A(z)\right)=f(z) \tag{2.30}$$

gilt.

Das Bild eines waagrechten Streifens unter A^{-1} ist ein Gebiet, das von zwei sich in ζ tangierenden Kreisen berandet wird. Wir setzen voraus, daß f in einem solchen Gebiet reell analytisch ist und der Gl. (2.1) genügt. Um bequem eine Koordinatentransformation durchführen zu können, führen wir eine Bezeichnung ein, die für die ganze weitere Arbeit gelten soll:

Definition 2.1. *Ist $z=x+iy\in\mathfrak{H}$ und $M,\,N\in SL(2,\mathbb{R})$, so schreiben wir*

$$M(z)=z_M=x_M+iy_M. \tag{2.31}$$

Demgemäß ist

$$MN(z)=z_{MN}=x_{MN}+iy_{MN}. \tag{2.32}$$

Damit setzen wir $f_A(z_A)=f(z)$. Dann ist

$$f_A(z_A+1)=f_A\left(\begin{pmatrix}1 & 1\\ 0 & 1\end{pmatrix}(z_A)\right)=f\left(A^{-1}\begin{pmatrix}1 & 1\\ 0 & 1\end{pmatrix}A(z)\right) \tag{2.33}$$

$$=f(z)=f_A(z_A),$$

und wegen der Invarianz von Δ genügt $f_A(z)$ den Voraussetzungen, die vor (2.16) für f gemacht wurden.

Somit gilt

$$f_A(z) = \beta_{0,1}\, y^{1-s} + \beta_{0,2}\, y^s$$
$$+ \sum_{\substack{n=-\infty \\ n \neq 0}}^{\infty} \{\beta_{n,1}\, y^{\frac{1}{2}} K_{s-\frac{1}{2}}(2\pi |n| y) + \beta_{n,2}\, y^{\frac{1}{2}} I_{s-\frac{1}{2}}(2\pi |n| y)\}\, e^{2\pi i n x} \qquad (2.34)$$

mit konstanten $\beta_{n,i}$ für alle n und i.

Aus (2.28), (2.29) und (2.34) folgt nun das

Lemma 2.2. *Die Funktion f sei in einer Umgebung der parabolischen Spitze ξ reell-analytisch, genüge der Gl. (2.1), sei im Sinne von (2.30) periodisch und bleibe bei Annäherung von z an ξ beschränkt. Dann hat f eine absolut und auf Kompakta gleichmäßig konvergente Entwicklung der Form*

$$f(z) = \beta_0\, y_A^{1-s} + \sum_{\substack{n=-\infty \\ n \neq 0}}^{\infty} \beta_n\, y_A^{\frac{1}{2}} K_{s-\frac{1}{2}}(2\pi |n| y_A)\, e^{2\pi i n x_A} \qquad (2.35)$$

mit konstanten β_n.

Ist $\frac{1}{2} \leq \mathrm{Re}\,(s) < 1$, so ist $\beta_0 = 0$, und f fällt in der parabolischen Spitze ξ exponentiell ab.

§ 3. Definition und absolute Konvergenz der Poincaréreihen

Bedeutet $a_n(\rho)$ die in (2.12) gegebene Funktion, so ist $a_n(\rho)\, e^{i n \varphi}$ eine Eigenfunktion des Laplace-Operators. Ebenso ist $b_n(y)\, e^{2\pi i n x}$ eine Eigenfunktion, wenn $b_n(y)$ für $n \neq 0$ durch (2.25) und für $n = 0$ durch (2.26) gegeben ist. Es liegt nun nahe, hieraus nach dem Prinzip der Quersummation Γ-invariante Eigenfunktionen zu konstruieren, wobei die Invarianz von Δ eingeht. Für die nullten Koeffizienten sind diese Reihen bereits ausführlich untersucht. Bei Reihen zu parabolischen Spitzen handelt es sich um Eisensteinreihen, bei inneren Punkten der oberen Halbebene um den von Roelcke so genannten „Resolventenkern" des Operators $\Delta + \lambda$.

Beginnen wir mit Reihen zu inneren Punkten!

Sei also ζ ein fester Punkt der oberen Halbebene. Wie im vorigen Paragraphen gehen wir durch

$$w = \frac{z - \zeta}{z - \bar{\zeta}} = \rho\, e^{i\varphi} \qquad (3.1)$$

zum Einheitskreis als Modell der hyperbolischen Ebene über. Wir führen die Bezeichnung $T_\zeta = \begin{pmatrix} 1 & -\zeta \\ 1 & -\bar\zeta \end{pmatrix}$ ein. Dann ist

$$w(z) = T_\zeta(z) \tag{3.2}$$

und

$$w(M(z)) = T_\zeta M T_\zeta^{-1}(w). \tag{3.3}$$

Wir verwenden die übliche Bezeichnung für konjugierte Gruppen und schreiben $SL(2, \mathbb{R})^{T_\zeta}$ für $T_\zeta SL(2, \mathbb{R}) T_\zeta^{-1}$ und Γ^{T_ζ} für $T_\zeta \Gamma T_\zeta^{-1}$. Bekanntlich besteht die Gruppe $SL(2, \mathbb{R})^{T_\zeta}$ aus allen komplexen Matrizen $\begin{pmatrix} \alpha & \beta \\ \bar\beta & \bar\alpha \end{pmatrix}$ mit $|\alpha|^2 - |\beta|^2 = 1$.

Wir erinnern nun an die Formel (2.12)

$$a_n(\rho) = \rho^{|n|}(1-\rho^2)^s \{\alpha_{n,1} F(s+|n|, s; |n|+1; \rho^2)$$
$$+ \alpha_{n,2} F(s+|n|, s; 2s; 1-\rho^2)\}$$

und daran, daß $a_n(\rho)\, e^{in\varphi}$ eine Eigenfunktion von $-\Delta$ zum Eigenwert $s(1-s)$ ist. Wir schreiben diese Funktion auf die Variable w um, indem wir

$$c_n(w) = a_n(\rho)\, e^{in\varphi} \tag{3.4}$$

setzen.

Dann ist für $n \geq 0$

$$c_n(w) = w^n(1-|w|^2)^s \{\alpha_{n,1} F(s+n, s; n+1; |w|^2) $$
$$+ \alpha_{n,2} F(s+n, s; 2s; 1-|w|^2)\} \tag{3.5}$$

und für $n \leq 0$

$$c_n(w) = \bar w^{-n}(1-|w|^2)^s \{\alpha_{n,1} F(s-n, s; -n+1; |w|^2)$$
$$+ \alpha_{n,2} F(s-n, s; 2s; 1-|w|^2). \tag{3.6}$$

Wir interessieren uns jetzt für die Reihe

$$Q_1(w) = \sum_{M \in \Gamma^{T_\zeta}} c_n(M(w)) \tag{3.7}$$

und wollen untersuchen, für welche $\alpha_{n,1},\ \alpha_{n,2}$ und s diese Reihe absolut konvergiert. Eine ganz ähnliche Situation ist in Roelcke [11], S. 266–267, ausführlich diskutiert. Durch Umrechnung der Koordinaten mit Hilfe von (2.4) erhält man daraus das

Lemma 3.1. *Ist $c(w)$ eine auf dem Einheitskreis $\mathfrak{E}$ definierte, für $w \neq 0$ stetige Funktion und ist mit einem $\varepsilon > 0$*

$$|c(w)| = O(1-|w|^2)^{1+\varepsilon} \quad \text{für} \quad |w| \to 1 \tag{3.8}$$

unabhängig von arg (w), *so konvergiert die Reihe*

$$\sum_{M \in \Gamma^T \zeta} c(M(w))$$

absolut und auf solchen Kompakta gleichmäßig, die keinen Punkt $w \sim 0$ $(\Gamma^T \zeta)$ enthalten.

Wie hier soll allgemein $w \sim w'\, (\Gamma^*)$ bedeuten: Es gibt ein M aus der Gruppe Γ^* mit $M(w) = w'$. Für die entgegengesetzte Aussage schreiben wir $w \nsim w'\, (\Gamma^*)$.

Offensichtlich erfüllt $c_n(w)$ gerade dann die Voraussetzungen, die in Lemma 3.1 über $c(w)$ gemacht wurden, wenn man $\alpha_{n,1} = 0$ setzt und Re $(s) > 1$ voraussetzt.

Definition 3.1. *Die Poincaréreihe zum inneren Punkt ζ der oberen Halbebene, zum Index n und zum Parameter s sei mit $w = \dfrac{z - \zeta}{z - \bar{\zeta}}$ definiert durch*

$$P(z, \zeta, s, n)$$
$$= \sum_{M \in \Gamma^T \zeta} (M(w))^n (1 - |M(w)|^2)^s F(s+n, s; 2s; 1 - |M(w)|^2) \qquad (3.9)$$

für $n \geq 0$ und

$$P(z, \zeta, s, n)$$
$$= \sum_{M \in \Gamma^T \zeta} (\overline{M(w)})^{-n} (1 - |M(w)|^2) F(s-n, s; 2s; 1 - |M(w)|^2) \qquad (3.10)$$

für $n \leq 0$.

Wegen Lemma 3.1 konvergiert $P(z, \zeta, s, n)$ für Re $(s) > 1$ auf Kompakta $K \subset \mathfrak{H} \times \mathfrak{H}$ mit $z \nsim \zeta\, (\Gamma)$ für alle $(z, \zeta) \in K$ absolut und gleichmäßig und stellt dort demnach eine stetige Funktion von z und ζ dar.

Darüber hinaus gilt der

Satz 3.1. Die Funktion $P(z, \zeta, s, n)$ *ist für $z \nsim \zeta\, (\Gamma)$ und* Re $(s) > 1$ *eine reell-analytische Eigenfunktion von $-\Delta$ zum Eigenwert $s(1-s)$. An der Stelle $z = \zeta$ hat sie eine Singularität, so daß für $n > 0$*

$$\lim_{z \to \zeta} \left(\frac{\overline{z - \zeta}}{z - \bar{\zeta}} \right)^n P(z, \zeta, s, n) = 2 \frac{\Gamma(n)\Gamma(2s)}{\Gamma(s+n)\Gamma(s)} \qquad (3.11)$$

und für $n < 0$

$$\lim_{z \to \zeta} \left(\frac{z - \zeta}{z - \bar{\zeta}} \right)^{-n} P(z, \zeta, s, n) = 2 \frac{\Gamma(-n)\Gamma(2s)}{\Gamma(s-n)\Gamma(s)} \qquad (3.12)$$

wird, während für n = 0

$$P(z, \zeta, s, 0) + \frac{4\Gamma(2s)\log\left|\dfrac{z-\zeta}{z-\bar{\zeta}}\right|}{(\Gamma(s))^2} \tag{3.13}$$

in $z = \zeta$ als stetige Funktion erklärbar ist.

Den Beweis führen wir nur für $n \geq 0$, da der Fall $n \leq 0$ sich davon nur um Vorzeichen und Konjugationen unterscheidet.
Die Aussagen über die Singularitäten folgen sofort aus (2.13) und (2.14), wenn man bedenkt, daß die Reihe

$$Q_2(w) = \sum_{\substack{M \in \Gamma^{T\zeta} \\ M \neq \pm E}} (M(w))^n (1 - |M(w)|^2)^s F(s+n, s; 2s; 1 - |M(w)|^2) \tag{3.14}$$

für $n \geq 0$ und Re $(s) > 1$ in einer vollen Umgebung von $w = 0$ absolut und gleichmäßig konvergiert. Um zu zeigen, daß die Funktion $P(z, \zeta, s, n)$ reell-analytisch von z abhängt, werden wir dieselbe Aussage für w beweisen. Hierzu schreiben wir $P(z, \zeta, s, n)$ in leicht veränderter Form:

$$P(z, \zeta, s, n)$$

$$= \sum_{M \in \Gamma^{T\zeta}} (M(w))^n (1 - M(w)\overline{M(w)})^s F(s+n, s; 2s; 1 - M(w)\overline{M(w)}) \tag{3.15}$$

$$= \sum_{M \in \Gamma^{T\zeta}} (M(w))^n (1 - M(w)\overline{M}(\bar{w}))^s F(s+n, s; 2s; 1 - M(w)\overline{M}(\bar{w})).$$

Nun betrachten wir w und $\bar{w}$ als unabhängige Variable und schreiben $\bar{v}$ statt $\bar{w}$, wir betrachten also die Reihe

$$Q_3(w, \bar{v}) = \sum_{M \in \Gamma^{T\zeta}} (M(w))^n (1 - M(w)\overline{M}(\bar{v}))^s$$
$$\cdot F(s+n, s; 2s; 1 - M(w)\overline{M}(\bar{v})). \tag{3.16}$$

Als nächstes werden wir zeigen, daß diese Reihe absolut und auf solchen Kompakta $\tilde{K}$ in $\mathfrak{C} \times \mathfrak{C}$ gleichmäßig konvergiert, für die $w \sim 0\ (\Gamma^{T\zeta})$ und $v \sim 0\ (\Gamma^{T\zeta})$ sind, falls (w, v) in $\tilde{K}$ liegt. Dann folgt aus einem wohlbekannten Satz über Reihen analytischer Funktionen, daß $P(z, \zeta, s, n)$ beliebig oft gliedweise differenzierbar und reell-analytisch ist. Insbesondere kann Δ gliedweise angewandt werden.

Nun zur Konvergenz!

Auf $\tilde{K}$ ist $(M(w))^n$ und $F(s+n, s; 2s; 1 - M(w)\,M(\bar{v}))$ beschränkt. Wie man leicht nachrechnet, ist

$$|1 - M(w)\overline{M}(\bar{v})|^2$$

$$= \frac{|1-w\bar{v}|^2}{(1-|w|^2)(1-|v|^2)}(1-|M(w)|^2)(1-|M(v)|^2) \tag{3.17}$$

und

$$|\arg(1 - M(w)\,\overline{M}(\bar{v}))| \leq \frac{\pi}{2}, \qquad (3.18)$$

also ist

$$|(1 - M(w)\,\overline{M}(\bar{v}))^s| \leq C \max\{|(1 - |M(w)|^2)^s|, |(1 - |M(v)|^2)^s|\} \qquad (3.19)$$

mit einem von M, w und v unabhängigen C, und

$$Q_4(w, v) = \sum_{M \in \Gamma^{T\zeta}} \{|(1 - |M(w)|^2)^s| + |(1 - |M(v)|^2)^s|\} \qquad (3.20)$$

ist eine konvergente Majorante der Reihe (3.17). Satz 3.1 ist damit bewiesen.

Jetzt gehen wir zu Reihen zu parabolischen Spitzen über. Um die Bezeichnungen festzulegen, wählen wir für Γ einen Fundamentalbereich $\mathfrak{F}$ aus, der die folgenden, in Roelcke [11], S. 273−274 genannten Eigenschaften hat:

Es existiert ein maximales System inäquivalenter parabolischer Spitzen $\xi_1, \ldots, \xi_p$ von Γ sowie Matrizen $A_1, \ldots, A_p$ aus $SL(2, \mathbb{R})$, so daß gilt:

I. Für $1 \leq \iota \leq p$ ist $A_\iota(\xi_\iota) = \infty$, und

$$P_\iota = A_\iota^{-1} \begin{pmatrix} 1 & 1 \\ 0 & 1 \end{pmatrix} A_\iota \qquad (3.21)$$

erzeugt zusammen mit $-E$ die Gruppe der Matrizen aus Γ mit Fixpunkt ξ_ι, den Stabilisator von ξ_ι in Γ. Wir bezeichnen diese Gruppe mit Γ_{ξ_ι}.

II. Definiert man für $\eta \geq 0$ den Spitzensektor $\mathfrak{S}(\eta)$ zur Spitze ∞ durch $\mathfrak{S}(\eta) = \{z \mid 0 \leq x \leq 1, y > \eta\}$, so ist für jedes genügend große η

$$\mathfrak{S}(\eta) \subset A_\iota(F) \subset \mathfrak{S}(0) \qquad (1 \leq \iota \leq p), \qquad (3.22)$$

und es gilt für $\iota \neq \kappa$

$$A_\iota^{-1}(\mathfrak{S}(\eta)) \cap A_\kappa^{-1}(\mathfrak{S}(\eta)) = \emptyset. \qquad (3.23)$$

III. Es ist

$$\mathfrak{F} = \mathfrak{F}_\eta \cup \bigcup_{\iota=1}^{p} A_\iota^{-1}(\mathfrak{S}(\eta)), \qquad (3.24)$$

wobei $\mathfrak{F}_\eta$ die abgeschlossene Hülle von $\mathfrak{F} - \bigcup_{\iota=1}^{p} A_\iota^{-1}(\mathfrak{S}(\eta))$ bezeichnet und kompakt ist.

IV. Der Rand von $\mathfrak{F}_\eta$ setzt sich aus endlich vielen glatten Kurven-stücken zusammen, unter denen die „Querschnitte"

$$A_i^{-1}(Q(\eta)) \quad \text{mit} \quad Q(\eta)=\{z \mid 0\leq x\leq 1, y=\eta\} \quad (i=1, 2, ..., p)$$

vorkommen, während die übrigen Randstücke paarweise äquivalent sind.

Wir nehmen zunächst an, daß ∞ unter den parabolischen Spitzen von Γ vorkommt, und daß der Stabilisator von ∞ von $\begin{pmatrix} 1 & 1 \\ 0 & 1 \end{pmatrix}$ und $\begin{pmatrix} -1 & 0 \\ 0 & -1 \end{pmatrix}$ erzeugt wird. Wir erinnern nun an die Formeln

$$b_n(y)=y^{\frac{1}{2}}\{\beta_{n,1} K_{s-\frac{1}{2}}(2\pi|n|y)+\beta_{n,2} I_{s-\frac{1}{2}}(2\pi|n|y)\} \quad \text{für } n\neq 0 \quad (2.25)$$

und

$$b_0(y)=\beta_{0,1}y^{1-s}+\beta_{0,2}y^s \tag{2.26}$$

und daran, daß $d_n(z)=b_n(y)\, e^{2\pi i n x}$ für alle ganzen n Eigenfunktion von $-\Delta$ zum Eigenwert $s(1-s)$ ist. Jetzt interessieren wir uns für die Reihe

$$Q_5(z)=\sum_{M\in\Gamma_\infty\backslash\Gamma} d_n(M(z)). \tag{3.25}$$

Dabei bedeutet $\Gamma_\infty\backslash\Gamma$ ein volles Repräsentantensystem von Matrizen aus Γ, die sich nicht um einen linken Faktor aus Γ_∞ unterscheiden. Ein solches System wird durch die Menge der inäquivalenten zweiten Zeilen von Matrizen aus Γ beschrieben, wobei (c, d) äquivalent zu (c', d') heißt, falls $(c, d)=\pm(c', d')$ ist. Der Wert der Reihe $Q_5(z)$ hängt, falls sie absolut konvergiert, nicht von der Auswahl des Repräsentantensystems ab, da d_n periodisch ist. Im Fall der absoluten und gleichmäßigen Konvergenz ist $Q_5(z)$ eine Γ-invariante Funktion. Für welche s, $\beta_{n,1}$ und $\beta_{n,2}$ kon-vergiert die Reihe?

Um die Formeln zu verkürzen, greifen wir jetzt auf die in Definition 2.1 eingeführte Bezeichnung

$$M(z)=z_M=x_M+iy_M \tag{2.31}$$

zurück.

Es ist wohlbekannt (s. etwa Petersson [7], S. 39, Satz 1), daß die Reihe

$$Q_6(z)=\sum_{M\in\Gamma_\infty\backslash\Gamma} y_M^s \tag{3.26}$$

für Re $(s)>1$ absolut und auf Kompakta in $\mathfrak{H}$ gleichmäßig konvergiert, für Re $(s)<1$ aber absolut divergiert. Da $K_{s-\frac{1}{2}}(y)$ für kein s für $y\rightarrow 0$ beschränkt bleibt, sieht man hieraus, daß man in (3.25) nur auf absolute Konvergenz hoffen darf, wenn $\beta_{n,1}=0$ ist. Wir wählen dann wieder $\beta_{n,2}=1$. Die entstehende Reihe reduziert sich für $n=0$ auf $Q_6(z)$, für $n\neq 0$ lautet sie

$$Q_7(z)=\sum_{M\in\Gamma_\infty\backslash\Gamma} y_M^{\frac{1}{2}} I_{s-\frac{1}{2}}(2\pi|n|y_M)\,e^{2\pi inx_M}. \tag{3.27}$$

Um die absolute Konvergenz von $Q_7(z)$ für $\mathrm{Re}\,(s)>1$ zu zeigen, wollen wir $Q_6(z)$ als Majorante verwenden. Hierzu müssen wir

$$\left| y_M^{\frac{1}{2}} I_{s-\frac{1}{2}}(2\pi|n|y_M)\right|$$

abschätzen. Aus der Potenzreihen-Entwicklung (2.23) für $I_{s-\frac{1}{2}}$ wissen wir, daß für beschränktes $z\in C$ gilt

$$\left| z^{\frac{1}{2}} I_{s-\frac{1}{2}}(2\pi|n|z)\right| \leqq C\,|z|^s, \tag{3.28}$$

falls $|\arg(z)|<\pi$ ist, so daß die Besselfunktion eindeutig bestimmt ist. Variiert z in einem Kompaktum in $\mathfrak{H}$, so ist y_M unabhängig von M beschränkt. Deshalb bleibt (3.28) mit y_M statt z richtig, und es folgt

Lemma 3.2. *Die Reihe*

$$Q_7(z)=\sum_{M\in\Gamma_\infty\backslash\Gamma} y_M^{\frac{1}{2}} I_{s-\frac{1}{2}}(2\pi|n|y_M)\,e^{2\pi inx_M} \tag{3.27}$$

konvergiert für $\mathrm{Re}\,(s)>1$ *absolut und auf Kompakta gleichmäßig.*

Wie die Reihen zu inneren Punkten hängt auch Q_7 reell-analytisch von z ab. Es ist ja

$$Q_7(z)=\sum_{M\in\Gamma_\infty\backslash\Gamma} \left(\frac{z_M-\bar z_M}{2i}\right)^{\frac{1}{2}} I_{s-\frac{1}{2}}\left(2\pi|n|\frac{z_M-\bar z_M}{2i}\right) e^{2\pi in\frac{z_M+\bar z_M}{2}}. \tag{3.29}$$

Wir betrachten z und $\bar z$ als unabhängige Variable und schreiben $\bar z'$ für $\bar z$. Ist $M=\begin{pmatrix} a & b \\ c & d \end{pmatrix}$, so ist

$$|z_M-\bar z_M'|=\frac{|z-\bar z'|}{|cz+d||c\bar z'+d|}. \tag{3.30}$$

Auch ist

$$\left|\arg\frac{z_M-\bar z_M'}{2i}\right|<\frac{\pi}{2}.$$

Die (3.18) entsprechende Abschätzung lautet hier

$$|(z_M-\bar z_M')^s|\leqq C\max\{|y_M^s|,|y_M'^s|\} \tag{3.31}$$

für z, z' in einem festen Kompaktum der oberen Halbebene mit einer von M, z und z' unabhängigen Konstanten C. Aus (3.28) und der absoluten Konvergenz von $Q_6(z)$ folgt nun wie bei Reihen zu inneren Punkten die gliedweise Differenzierbarkeit und die analytische Abhängigkeit von z.

Der Fall einer von ∞ verschiedenen parabolischen Spitze ξ_ι läßt sich sofort auf den bisherigen zurückführen, indem man statt Γ die Gruppe $\Gamma^{A_\iota} = A_\iota \Gamma A_\iota^{-1}$ betrachtet. Damit die Formel, mit der wir die Poincaréreihe zu einer beliebigen parabolischen Spitze einführen, sich einfacher schreiben läßt, kürzen wir z_{A_ι} durch z_ι und $z_{A_\iota M}$ durch $z_{\iota M}$ ab (vgl. Definition 2.1, Formeln (2.31) und (2.32)).

Definition 3.2. *Die Poincaréreihe zur parabolischen Spitze ξ_ι, zum Index n und zum Parameter s sei definiert durch*

$$P(z, \xi_\iota, s, n) = \sum_{M \in \Gamma_{\xi_\iota} \backslash \Gamma} y_{\iota M}^{\frac{1}{2}} I_{s-\frac{1}{2}}(2\pi |n| y_{\iota M}) e^{2\pi i n x_{\iota M}} \qquad (3.32)$$

für $n \neq 0$ und

$$P(z, \xi_\iota, s, 0) = \sum_{M \in \Gamma_{\xi_\iota} \backslash \Gamma} y_{\iota M}^{s} \qquad (3.33)$$

für $n = 0$.

Die Reihe $P(z, \xi_\iota, s, 0)$ bezeichnen wir auch mit $E_\iota(z, s)$ und nennen sie die Eisensteinreihe zur Spitze ξ_ι und zum Parameter s.

Für diese Reihen gilt nun, wie wir gezeigt haben, der

Satz 3.2. $P(z, \xi_\iota, s, n)$ *ist für $z \in \mathfrak{H}$ und $\mathrm{Re}\,(s) > 1$ absolut konvergent und stellt eine reell-analytische Eigenfunktion von $-\Delta$ zum Eigenwert $s(1-s)$ dar.*

§ 4. Das Verhalten der Poincaréreihen in den parabolischen Spitzen

In diesem Paragraphen wollen wir zuerst die Poincaréreihen zu parabolischen Spitzen untersuchen, da wir einige dieser Ergebnisse bei der Betrachtung der Poincaréreihen zu inneren Punkten benötigen.

Für die Eisensteinreihen $E_\iota(z, s) = P(z, \xi_\iota, s, 0)$ brauchen wir im nächsten Paragraphen viel genauere Aussagen als für die Reihen $P(z, \xi_\iota, s, n)$ mit $n \neq 0$. Dementsprechend gehen wir so vor, daß wir das Verhalten der Eisensteinreihen in den parabolischen Spitzen durch möglichst vollständige Berechnung ihrer Fourierentwicklung untersuchen, und dann mit elementaren Mitteln hieraus Abschätzungen für die anderen Poincaréreihen zu parabolischen Spitzen herleiten. Natürlich ist das Verhalten in der Spitze, zu der die Reihe definiert ist, anders als in den anderen parabolischen Spitzen. Wir werden unsere Bezeichnungen aber so wählen, daß wir beide Fälle gleichzeitig behandeln können.

Im ganzen Rest dieses Paragraphen setzen wir stillschweigend $\mathrm{Re}\,(s) > 1$ voraus.

Die folgende Rechnung findet sich im wesentlichen in Selberg [12]. Nach Definition 3.2, Formel (3.33) ist

$$E_\iota(z, s) = \sum_{M \in \Gamma_{\xi_\iota} \backslash \Gamma} y_{\iota M}^s \tag{4.1}$$

mit der Bezeichnung, die wir vor Definition 3.2 eingeführt haben. Um die Fourier-Entwicklung dieser Funktion zur Spitze ξ_κ zu berechnen, ist es zweckmäßig, sie als Funktion der Variablen z_κ zu schreiben:

$$E_\iota(z, s) = \sum_{M \in \Gamma_{\xi_\iota} \backslash \Gamma} \left(\mathrm{Im}\,(A_\iota M A_\kappa^{-1}(z_\kappa)) \right)^s. \tag{4.2}$$

Es wird also über ein vollständiges System von Matrizen $A_\iota M A_\kappa^{-1}$ aus $A_\iota \Gamma A_\kappa^{-1}$ mit inäquivalenten zweiten Zeilen (c, d) summiert.

Wir schreiben hierfür

$$E_\iota(z, s) = \sum_{(c, d)_{\iota, \kappa}} \frac{y_\kappa^s}{|c z_\kappa + d|^{2s}} \tag{4.3}$$

und nehmen zur Normierung an, daß alle $c \geq 0$ sind, sowie $d > 0$ im Falle $c = 0$. Kommt unter den Paaren (c, d) ein Paar mit $c = 0$ vor? Ist dies der Fall, ist also etwa

$$A_\iota M A_\kappa^{-1} = \begin{pmatrix} * & * \\ 0 & d \end{pmatrix}, \tag{4.4}$$

so ist

$$A_\iota M A_\kappa^{-1}(\infty) = \infty, \tag{4.5}$$

also auch

$$M(\xi_\kappa) = \xi_\iota. \tag{4.6}$$

Da Spitzen mit verschiedenen Nummern inäquivalent sind, ist dann $\iota = \kappa$ und $M \in \Gamma_{\xi_\iota}$. Insbesondere kann nur ein solches M vorkommen. Man hat also jetzt

$$E_\iota(z, s) = \delta_{\iota, \kappa} y_\kappa^s + \sum_{\substack{(c, d)_{\iota, \kappa} \\ c \neq 0}} \frac{y_\kappa^s}{|c z_\kappa + d|^{2s}}. \tag{4.7}$$

Als nächstes wollen wir die folgende Frage untersuchen: Sind $M_1, M_2 \in \Gamma$ und ist mit einem ganzen n

$$M_1 P_\kappa^n = M_2 \tag{4.8}$$

(wir erinnern daran, daß $P_\kappa = A_\kappa^{-1} \begin{pmatrix} 1 & 1 \\ 0 & 1 \end{pmatrix} A_\kappa$ die parabolische Grundmatrix zu ξ_κ ist), wie unterscheiden sich dann $A_\iota M_1 A_\kappa^{-1}$ und $A_\iota M_2 A_\kappa^{-1}$?

Sei also

$$A_\iota M_1 A_\kappa^{-1} = \begin{pmatrix} a & b \\ c & d \end{pmatrix}.$$ (4.9)

Dann ist

$$\begin{aligned}
A_\iota M_2 A_\kappa^{-1} &= A_\iota M_1 P_\kappa^n A_\kappa^{-1} \\
&= A_\iota M_1 A_\kappa^{-1} \begin{pmatrix} 1 & n \\ 0 & 1 \end{pmatrix} A_\kappa A_\kappa^{-1} \\
&= \begin{pmatrix} a & b \\ c & d \end{pmatrix} \begin{pmatrix} 1 & n \\ 0 & 1 \end{pmatrix} \\
&= \begin{pmatrix} a & b+na \\ c & d+nc \end{pmatrix}.
\end{aligned}$$ (4.10)

Nimmt man in (4.7) die entsprechende Aufspaltung der Summation vor, was durch die absolute Konvergenz für $\mathrm{Re}\,(s) > 1$ gerechtfertigt ist, so ergibt sich

$$E_\iota(z, s) = \delta_{\iota,\kappa}\, y_\kappa^s + \sum_{(\iota,\kappa)} \sum_{n=-\infty}^{\infty} \frac{y_\kappa^s}{|c(z_\kappa+n)+d|^{2s}},$$ (4.11)

wobei $\displaystyle\sum_{(\iota,\kappa)}$ für $\displaystyle\sum_{\substack{(c,d)_{\iota,\kappa} \\ c \neq 0 \\ 0 \leq d < c}}$ steht.

Diese Abkürzung wollen wir im folgenden beibehalten.

Jetzt können wir zur Berechnung der Fourier-Entwicklung der Eisensteinreihen übergehen.

Da $E_\iota(z, s)$ eine reell-analytische Funktion ist, konvergiert ihre Fourier-Reihe, und wir können ansetzen

$$E_\iota(z, s) = \sum_{m=-\infty}^{\infty} b_m(y_\kappa, s)\, e^{2\pi i m x_\kappa}$$ (4.12)

mit

$$b_m(y_\kappa, s) = \int_0^1 E_\iota(z, s)\, e^{-2\pi i m x_\kappa}\, dx_\kappa.$$ (4.13)

Für $m = 0$ erhält man aus (4.11) und (4.13):

$$b_0(y_\kappa, s) = \delta_{\iota,\kappa}\, y_\kappa^s + \int_0^1 \sum_{(\iota,\kappa)} \sum_{n=-\infty}^{\infty} \frac{y_\kappa^s}{|c(z_\kappa+n)+d|^{2s}}\, dx_\kappa.$$ (4.14)

Summation und Integration sind wegen der absoluten Konvergenz vertauschbar, und die Poissonsche Summationsformel liefert

$$b_0(y_\kappa, s) = \delta_{\iota,\kappa}\, y_\kappa^s + \sum_{(\iota,\kappa)} \int_{-\infty}^{\infty} \frac{y_\kappa^s}{|c z_\kappa+d|^{2s}}\, dx_\kappa.$$ (4.15)

Führt man im Integral $u=\dfrac{cx_\kappa+d}{y_\kappa}$ als neue Variable ein, so ergibt sich

$$b_0(y_\kappa,s)=\delta_{\iota,\kappa}\,y_\kappa^s+\sum_{(\iota,\kappa)}c^{-2s}y_\kappa^{1-s}\int_{-\infty}^{\infty}\frac{1}{(u^2+1)^s}\,du. \tag{4.16}$$

Hier steht nun ein wohlbekanntes Beta-Integral, und so kommt schließlich heraus

$$b_0(y_\kappa,s)=\delta_{\iota,\kappa}\,y_\kappa^s+\frac{\sqrt{\pi}\,\Gamma(s-\tfrac{1}{2})}{\Gamma(s)}\sum_{(\iota,\kappa)}c^{-2s}y_\kappa^{1-s}. \tag{4.17}$$

Für $m\neq0$ bekommt man mit derselben Methode

$$b_m(y_\kappa,s)=\sum_{(\iota,\kappa)}e^{2\pi im\frac{d}{c}}c^{-2s}y_\kappa^s\int_{-\infty}^{\infty}\frac{e^{-2\pi imx_\kappa}\,dx_\kappa}{(x_\kappa^2+y_\kappa^2)^s}. \tag{4.18}$$

Das Integral ändert sich nicht, wenn man m durch $|m|$ ersetzt. Dann können wir aber aus Watson [16], S. 172, Bassets Integraldarstellung für $K_\nu(xz)$ anwenden. Sie lautet in Watsons Bezeichnungen

$$K_\nu(xz)=\frac{\Gamma(\nu+\tfrac{1}{2})(2z)^\nu}{2x^\nu\,\Gamma(\tfrac{1}{2})}\int_{-\infty}^{\infty}\frac{e^{-ixu}\,du}{(u^2+z^2)^{\nu+\frac{1}{2}}}. \tag{4.19}$$

Damit ist das Ergebnis für $m\neq0$

$$b_m(y_\kappa,s)=\frac{2\pi^s|m|^{s-\frac{1}{2}}}{\Gamma(s)}\sum_{(\iota,\kappa)}e^{2\pi im\frac{d}{c}}c^{-2s}y_\kappa^{\frac{1}{2}}K_{s-\frac{1}{2}}(2\pi|m|y_\kappa). \tag{4.20}$$

Nennen wir nun für ganze m

$$L_{\iota,\kappa}^{(m)}(s)=\sum_{(\iota,\kappa)}e^{2\pi im\frac{d}{c}}c^{-2s} \tag{4.21}$$

und außerdem

$$\varphi_{\iota,\kappa}(s)=\frac{\sqrt{\pi}\,\Gamma(s-\tfrac{1}{2})}{\Gamma(s)}L_{\iota,\kappa}^{(0)}(s), \tag{4.22}$$

so können wir als Ergebnis formulieren:

Satz 4.1. *Die Fourier-Entwicklung der Eisensteinreihe $E_\iota(z,s)$ zur parabolischen Spitze ξ_κ lautet in den eingeführten Bezeichnungen*

$$E_\iota(z,s)=\delta_{\iota,\kappa}\,y_\kappa^s+\varphi_{\iota,\kappa}(s)\,y_\kappa^{1-s}$$
$$+\frac{2\pi^s}{\Gamma(s)}\sum_{\substack{m=-\infty\\m\neq0}}^{\infty}|m|^{s-\frac{1}{2}}L_{\iota,\kappa}^{(m)}(s)\,y_\kappa^{\frac{1}{2}}K_{s-\frac{1}{2}}(2\pi|m|y_\kappa)\,e^{2\pi imx_\kappa}. \tag{4.23}$$

Für $y_\kappa\to\infty$, also für $z\to\xi_\kappa$, gilt

$$E_\iota(z,s)=\delta_{\iota,\kappa}\,y_\kappa^s+\varphi_{\iota,\kappa}(s)\,y_\kappa^{1-s}+O(e^{-2\pi y_\kappa}). \tag{4.24}$$

Die Richtigkeit von (4.24) folgt sofort aus (4.23) und dem in (2.27) beschriebenen asymptotischen Verhalten der K-Funktion.

Wir bemerken, daß die O-Aussage nicht gleichmäßig in s gilt. Der Reihendarstellung von $\varphi_{\iota,\kappa}(s)$ entnehmen wir noch zum späteren Gebrauch das

Lemma 4.1. *Ist c_1 die kleinste der in $\sum\limits_{(\iota,\kappa)}$ vorkommenden Zahlen c, so ist für $s \to +\infty$*

$$\varphi_{\iota,\kappa}(s) = o(c_1^{-2\,\mathrm{Re}\,(s)}). \tag{4.25}$$

Die Aussage folgt direkt aus (4.21) und (4.22) durch Übergang zu absoluten Beträgen, wenn man das asymptotische Verhalten der Γ-Funktion berücksichtigt.

Nun wollen wir für die Reihen $P(z, \xi_\iota, s, n)$ $(n \neq 0)$ eine Abschätzung herleiten, indem wir die Eisensteinreihe als Majorante verwenden. Dabei müssen die Konstanten von n unabhängig sein; von s dürfen sie abhängen, und wir werden dies nicht jedesmal erwähnen. Zunächst leiten wir eine Abschätzung für die Besselfunktion $I_{s-\frac{1}{2}}(z)$ her.

Aus der Reihenentwicklung (2.23) für $I_{s-\frac{1}{2}}(z)$, die ja für alle $z \in \mathbb{C}$ konvergiert, entnimmt man, daß für $0 < z \leq 1$ gilt

$$z^{\frac{1}{2}} |I_{s-\frac{1}{2}}(z)| < C_1\, z^{\mathrm{Re}\,(s)} \tag{4.26}$$

mit konstantem C_1.

Für $1 \leq z < \infty$ verwendet man die Aussage (2.28) über das asymptotische Verhalten von $I_{s-\frac{1}{2}}(z)$ und erhält

$$z^{\frac{1}{2}} |I_{s-\frac{1}{2}}(z)| < C_2\, e^z. \tag{4.27}$$

Da $e^z > 1$ für $0 < z < \infty$ und $z^{\mathrm{Re}\,(s)} \geq 1$ für $z \geq 1$ ist, wobei wir die Voraussetzung $\mathrm{Re}\,(s) > 1$ verwendet haben, folgt aus (4.26) und (4.27) mit $C_3 = \max(C_1, C_2)$

$$z^{\frac{1}{2}} |I_{s-\frac{1}{2}}(z)| < C_3\, z^{\mathrm{Re}\,(s)}\, e^z \quad \text{für } 0 < z < \infty. \tag{4.28}$$

Um jetzt die Reihen $P(z, \xi_\iota, s, n)$ in der Nähe der Spitze ξ_κ abzuschätzen, schreiben wir sie so als Funktion von z_κ, wie wir dies für die Eisensteinreihe in (4.7) getan haben (vgl. Formel (3.32)). Wir schreiben zur Abkürzung $e^{2\pi i n f(x_\kappa, c, d)}$ für den Exponentialfaktor, da dies den absoluten Betrag 1 hat. Wir haben also

$$P(z, \xi_\iota, s, n) = \delta_{\iota,\kappa}\, y_\kappa^{\frac{1}{2}}\, I_{s-\frac{1}{2}}(2\pi |n|\, y_\kappa)\, e^{2\pi i n x_\kappa}$$

$$+ \sum_{\substack{(c,d)_{\iota,\kappa} \\ c \neq 0}} \frac{y_\kappa^{\frac{1}{2}}}{|c z_\kappa + d|}\, I_{s-\frac{1}{2}}\left(2\pi |n|\, \frac{y_\kappa}{|c z_\kappa + d|^2}\right) e^{2\pi i n f(x_\kappa, c, d)} \tag{4.29}$$

mit derselben Summationsvorschrift wie in (4.7).

Nun schreiben wir $s = \sigma + i\tau$ und können mit Hilfe von (4.28) abschätzen

$$\left| P(z, \xi_\iota, s, n) - \delta_{\iota, \kappa}\, y_\kappa^{\frac{1}{2}} I_{s-\frac{1}{2}}(2\pi\,|n|\,y_\kappa)\, e^{2\pi i n x_\kappa} \right|$$

$$\leq C_3 (2\pi\,|n|)^{\sigma - \frac{1}{2}} \sum_{\substack{(c, d)_{\iota, \kappa} \\ c \neq 0}} \frac{y_\kappa^\sigma}{|c z_\kappa + d|^{2\sigma}}\, e^{2\pi\,|n|\,\frac{y_\kappa}{|c z_\kappa + d|^2}}. \tag{4.30}$$

Wie in Lemma 4.1 sei jetzt c_1 das kleinste in $\displaystyle\sum_{\substack{(c, d)_{\iota, \kappa} \\ c \neq 0}}$ vorkommende c. Dann ist für $y_\kappa > \dfrac{1}{c_1}$

$$\frac{y_\kappa}{|c z_\kappa + d|^2} < 1 \tag{4.31}$$

und man kann weiter abschätzen $\left(y_\kappa > \dfrac{1}{c_1} \right)$

$$\left| P(z, \xi_\iota, s, n) - \delta_{\iota, \kappa}\, y_\kappa^{\frac{1}{2}} I_{s-\frac{1}{2}}(2\pi\,|n|\,y_\kappa)\, e^{2\pi i n x_\kappa} \right|$$

$$\leq C_3 (2\pi\,|n|)^{\sigma - \frac{1}{2}} e^{2\pi\,|n|} \sum_{\substack{(c, d)_{\iota, \kappa} \\ c \neq 0}} \frac{y_\kappa^\sigma}{|c z_\kappa + d|^{2\sigma}}. \tag{4.32}$$

Die verbliebene Reihe ist von n unabhängig, und es ist (vgl. (4.7))

$$\sum_{\substack{(c, d)_{\iota, \kappa} \\ c \neq 0}} \frac{y_\kappa^\sigma}{|c z_\kappa + d|^{2\sigma}} = E_\iota(z, \sigma) - \delta_{\iota, \kappa}\, y_\kappa^\sigma. \tag{4.33}$$

Aus (4.24) folgt nun, wieder für $y_\kappa > \dfrac{1}{c_1}$,

$$\sum_{\substack{(c, d)_{\iota, \kappa} \\ c \neq 0}} \frac{y_\kappa^\sigma}{|c z_\kappa + d|^{2\sigma}} \leq C_4\, y_\kappa^{1 - \sigma}. \tag{4.34}$$

Damit folgt mit $C_5 = C_3 C_4$ aus (4.32) das gewünschte Ergebnis, das wir als Lemma formulieren wollen:

Lemma 4.2. *Ist z so nahe bei der Spitze ξ_κ, daß $y_\kappa > \dfrac{1}{c_1}$ ist mit der*

oben definierten, nur von Γ und ξ_κ abhängigen Konstanten $\dfrac{1}{c_1}$, so gilt für die Funktion $P(z, \xi_\iota, s, n)$ die Abschätzung

$$\left| P(z, \xi_\iota, s, n) - \delta_{\iota, \kappa}\, y_\kappa^{\frac{1}{2}} I_{s-\frac{1}{2}}(2\pi\,|n|\,y_\kappa)\, e^{2\pi i n x_\kappa} \right|$$

$$\leq C_5 (2\pi\,|n|)^{\sigma - \frac{1}{2}} e^{2\pi\,|n|}\, y_\kappa^{1 - \sigma} \tag{4.35}$$

mit einer von n unabhängigen Konstanten C_5.

Bei den Poincaréreihen zu inneren Punkten nimmt die Reihe zum Index 0 ebenfalls eine Sonderstellung ein. Wir bezeichnen sie mit

$$G(z, \zeta, s) = P(z, \zeta, s, 0). \tag{4.36}$$

Wir wollen das Verhalten dieser Funktion in der parabolischen Spitze ξ_κ durch Fourier-Entwicklung studieren und dann für $P(z, \zeta, s, n)$ $(n \neq 0)$ durch Vergleich eine Abschätzung herleiten.

Zur Berechnung der Fourier-Entwicklung in ξ_κ nehmen wir (ähnlich wie bei der Definition der Poincaréreihen zu einer Spitze) zunächst $\xi_\kappa = \infty$ und Grundmatrix $P_\kappa = \begin{pmatrix} 1 & 1 \\ 0 & 1 \end{pmatrix}$ an und führen den allgemeinen Fall dann durch Übergang zu einer in $SL(2, \mathbb{R})$ konjugierten Gruppe darauf zurück. Die Funktion $G(z, \zeta, s) = P(z, \zeta, s, 0)$ wurde in Definition 3.1, Formel (3.9) definiert durch

$$G(z, \zeta, s) = \sum_{M \in \Gamma^T \zeta} \left(1 - |M(w)|^2\right) F\left(s, s; 2s; 1 - |M(w)|^2\right). \tag{4.37}$$

Schreibt man die rechte Seite explizit als Funktion von z und ζ, so hat man

$$G(z, \zeta, s) = \sum_{M \in \Gamma} \left(1 - \left|\frac{z_M - \zeta}{z_M - \bar{\zeta}}\right|^2\right)^s F\left(s, s; 2s; 1 - \left|\frac{z_M - \zeta}{z_M - \bar{\zeta}}\right|^2\right). \tag{4.38}$$

Nun definieren wir die Funktion $G_\infty(z, \zeta, s)$ durch

$$G_\infty(z, \zeta, s) = \sum_{N \in \Gamma_\infty} \left(1 - \left|\frac{z_N - \zeta}{z_N - \bar{\zeta}}\right|^2\right)^s F\left(s, s; 2s; 1 - \left|\frac{z_N - \zeta}{z_N - \bar{\zeta}}\right|^2\right). \tag{4.39}$$

Wegen der absoluten Konvergenz von $G(z, \zeta, s)$ für $z \nsim \zeta$ (Γ) hat man natürlich

$$G(z, \zeta, s) = \sum_{M \in \Gamma_\infty \backslash \Gamma} G_\infty(z_M, \zeta, s). \tag{4.40}$$

Da die Gruppe Γ_∞ als das Erzeugnis von $\begin{pmatrix} 1 & 1 \\ 0 & 1 \end{pmatrix}$ und $\begin{pmatrix} -1 & 0 \\ 0 & -1 \end{pmatrix}$ bekannt ist, rechnet man leicht aus

$$G_\infty(z, \zeta, s)$$
$$= 2 \sum_{m=-\infty}^{\infty} \left(1 - \left|\frac{z+m-\zeta}{z+m-\bar{\zeta}}\right|^2\right)^s F\left(s, s; 2s; 1 - \left|\frac{z+m-\zeta}{z+m-\bar{\zeta}}\right|^2\right). \tag{4.41}$$

Setzt man $\zeta = \vartheta + i\eta$, so ergibt sich:

$$G_\infty(z, \zeta, s) = 2 \sum_{m=-\infty}^{\infty} \frac{(4y\eta)^s}{\left((x-\vartheta+m)^2 + (y+\eta)^2\right)^s}$$
$$\cdot F\left(s, s; 2s; \frac{4y\eta}{(x-\vartheta+m)^2 + (y+\eta)^2}\right). \tag{4.42}$$

Da G_∞ als Funktion von x und ϑ, wie ersichtlich, nur von $x-\vartheta$ abhängt, gibt dieselbe Formel die Fourier-Entwicklung bezüglich x und die bezüglich ϑ. Auf dieser Tatsache beruht die folgende Berechnung.

Wir setzen für $y<\eta$ an

$$G_\infty(z,\zeta,s)=\sum_{n=-\infty}^{\infty} b_n(y,\zeta,s)\,e^{2\pi i n x} \tag{4.43}$$

und haben für die Koeffizienten

$$b_n(y,\zeta,s)=\int_0^1 G_\infty(x+iy,\zeta,s)\,e^{-2\pi i n x}\,dx. \tag{4.44}$$

Trägt man hier für G_∞ den Ausdruck aus (4.42) ein und wendet Poisson-Summation an, so erhält man

$$\begin{aligned}
b_n(y,\zeta,s)=2\int_{-\infty}^{\infty} &\frac{(4y\eta)^s}{((x-\vartheta)^2+(y+\eta)^2)^s}\\
&\cdot F\left(s,s;2s;\frac{4y\eta}{(x-\vartheta)^2+(y+\eta)^2}\right)e^{-2\pi i n x}\,dx.
\end{aligned} \tag{4.45}$$

Nun ersetzt man $x-\vartheta$ durch x und bekommt

$$b_n(y,\zeta,s)$$
$$=2(4y\eta)^s e^{-2\pi i n \vartheta}\int_{-\infty}^{\infty}\frac{F\left(s,s;2s;\dfrac{4y\eta}{x^2+(y+\eta)^2}\right)e^{-2\pi i n x}}{(x^2+(y+\eta)^2)^s}\,dx. \tag{4.46}$$

Hier tragen wir die bekannte Integraldarstellung für die hypergeometrische Funktion

$$F(a,b;c;z)=\frac{\Gamma(c)}{\Gamma(b)\Gamma(c-b)}\int_0^1 t^{b-1}(1-t)^{c-b-1}(1-tz)^{-a}\,dt \tag{4.47}$$

ein.

Wir vertauschen die Integrationen, was wegen der absoluten Konvergenz keine Schwierigkeit macht, und haben nach einer leichten Rechnung

$$\begin{aligned}
b_n(y,\zeta,s)=&\frac{2(4y\eta)^s\,\Gamma(2s)\,e^{-2\pi i n \vartheta}}{(\Gamma(s))^2}\\
&\cdot\int_0^1 t^{s-1}(1-t)^{s-1}\int_{-\infty}^{\infty}\frac{e^{-2\pi i n x}\,dx}{(x^2+(y+\eta)^2-4y\eta t)^s}\,dt.
\end{aligned} \tag{4.48}$$

Die Funktion $G_\infty(z,\zeta,s)$ genügt für $y<\eta$ den Voraussetzungen, die in § 2 bei (2.16) für f gemacht wurden. Daher wissen wir, daß $b_n(y,\zeta,s)$ als Funktion von y einer Differentialgleichung genügt, deren Lösungen in (2.25) und (2.26) beschrieben wurden. Für $n=0$ haben wir daher

$$b_0(y,\zeta,s)=\beta_{0,1}(\zeta,s)\,y^{1-s}+\beta_{0,2}(\zeta,s)\,y^s \tag{4.49}$$

und für $n\neq 0$

$$b_n(y,\zeta,s)=\beta_{n,1}(\zeta,s)\,y^{\frac{1}{2}}K_{s-\frac{1}{2}}(2\pi|n|\,y) \\ +\beta_{n,2}(\zeta,s)\,y^{\frac{1}{2}}I_{s-\frac{1}{2}}(2\pi|n|\,y). \tag{4.50}$$

Bestimmen wir die Konstanten, indem wir in (4.48) für $n=0$ durch y^s und für $n\neq 0$ durch $y^{\frac{1}{2}}I_{s-\frac{1}{2}}(2\pi|n|\,y)$ dividieren und dann den Grenzübergang $y\to 0$ ausführen!

Da hierbei die rechte Seite beschränkt bleibt, während

$$y^{1-2s}\quad\text{und}\quad\frac{K_{s-\frac{1}{2}}(2\pi|n|\,y)}{I_{s-\frac{1}{2}}(2\pi|n|\,y)}$$

unbeschränkt anwachsen, ist $\beta_{n,1}(\zeta,s)=0$ für alle n. Für $\beta_{n,2}(\zeta,s)$ ergibt sich im Falle $n=0$

$$\beta_{0,2}(\zeta,s)=\frac{2^{2s+1}\eta^s\Gamma(2s)}{(\Gamma(s))^2}\int_0^1 t^{s-1}(1-t)^{s-1}\,dt \\ \cdot\int_{-\infty}^{\infty}\frac{dx}{(x^2+\eta^2)^s}=\frac{2^{2s+1}\sqrt{\pi}\,\Gamma(s-\frac{1}{2})}{\Gamma(s)}\eta^{1-s}. \tag{4.51}$$

Für $n\neq 0$ verwendet man die Tatsache

$$\lim_{y\to 0}\frac{y^{s-\frac{1}{2}}}{I_{s-\frac{1}{2}}(2\pi|n|\,y)}=\frac{\Gamma(s+\frac{1}{2})}{(\pi|n|)^{s-\frac{1}{2}}}, \tag{4.52}$$

die aus der Reihenentwicklung (2.23) für $I_{s-\frac{1}{2}}$ folgt. Damit erhält man

$$\beta_{n,2}(\zeta,s)=\frac{2^{2s+1}\Gamma(2s)\Gamma(s+\frac{1}{2})\eta^s e^{-2\pi in\vartheta}}{(\Gamma(s))^2(\pi|n|)^{s-\frac{1}{2}}} \\ \cdot\int_0^1 t^{s-1}(1-t)^{s-1}\int_{-\infty}^{\infty}\frac{e^{-2\pi inx}\,dx}{(x^2+\eta^2)^s}\,dt \tag{4.53} \\ =\frac{2^{2s+1}\Gamma(s+\frac{1}{2})\eta^s e^{-2\pi in\vartheta}}{(\pi|n|)^{s-\frac{1}{2}}}\int_{-\infty}^{\infty}\frac{e^{-2\pi inx}}{(x^2+\eta^2)^s}\,dx.$$

Dieses Integral kam in (4.18) schon einmal vor und kann mit Hilfe der in (4.19) angegebenen Bassetschen Integraldarstellung für $K_{s-\frac{1}{2}}(xz)$ ausgewertet werden. Das Resultat ist mit $n\neq 0$

$$\beta_{n,2}(\zeta,s)=\frac{2^{2s+2}\Gamma(\frac{1}{2})\Gamma(s+\frac{1}{2})\eta^{\frac{1}{2}}e^{-2\pi in\vartheta}}{\Gamma(s)}K_{s-\frac{1}{2}}(2\pi|n|\,\eta). \tag{4.54}$$

Damit ist die Fourier-Entwicklung von $G_\infty(z, \zeta, s)$ für $y < \eta$ berechnet. Wir formulieren das Ergebnis als

Lemma 4.3. *Es sei die parabolische Spitze* $\xi_1 = \infty$ *mit der Grundmatrix* $P_1 = \begin{pmatrix} 1 & 1 \\ 0 & 1 \end{pmatrix}$. *Dann hat die Funktion* $G_\infty(z, \zeta, s)$ *für* $y < \eta$ *die Fourier-Entwicklung*

$$
\begin{aligned}
G_\infty(z, \zeta, s) = & \, 2^{2s+1} \sqrt{\pi} \, \frac{\Gamma(s-\tfrac{1}{2})}{\Gamma(s)} \, y^s \eta^{1-s} \\
& + \frac{2^{2s+2} \sqrt{\pi} \, \Gamma(s+\tfrac{1}{2})}{\Gamma(s)} \sum_{\substack{n=-\infty \\ n \neq 0}}^{\infty} (y\eta)^{\frac{1}{2}} I_{s-\frac{1}{2}}(2\pi |n| y) \\
& \cdot K_{s-\frac{1}{2}}(2\pi |n| \eta) \, e^{2\pi i n (x - \vartheta)}.
\end{aligned} \tag{4.55}
$$

Um nun die Entwicklung (4.55) in (4.40) eintragen zu können, müssen wir η so groß voraussetzen, daß $y_M < \eta$ für alle $M \in \Gamma$ gilt. Dann bekommt man zunächst rein formal durch Vertauschung der Summationen

$$
\begin{aligned}
G(z, \zeta, s) = & \, 2^{2s+1} \sqrt{\pi} \, \frac{\Gamma(s-\tfrac{1}{2})}{\Gamma(s)} \, \eta^{1-s} \sum_{M \in \Gamma_\infty \backslash \Gamma} y_M^s \\
& + \frac{2^{2s+2} \sqrt{\pi} \, \Gamma(s+\tfrac{1}{2})}{\Gamma(s)} \sum_{\substack{n=-\infty \\ n \neq 0}}^{\infty} \eta^{\frac{1}{2}} K_{s-\frac{1}{2}}(2\pi |n| \eta) \, e^{-2\pi i n \vartheta} \\
& \cdot \sum_{M \in \Gamma_\infty \backslash \Gamma} y_M^{\frac{1}{2}} I_{s-\frac{1}{2}}(2\pi |n| y_M) \, e^{2\pi i n x_M} \\
= & \, 2^{2s+1} \sqrt{\pi} \, \frac{\Gamma(s-\tfrac{1}{2})}{\Gamma(s)} \, E_1(z, s) \eta^{1-s} \\
& + \frac{2^{2s+2} \sqrt{\pi} \, \Gamma(s+\tfrac{1}{2})}{\Gamma(s)} \sum_{\substack{n=-\infty \\ n \neq 0}}^{\infty} \eta^{\frac{1}{2}} K_{s-\frac{1}{2}}(2\pi |n| \eta) \, P(z, \infty, s, n) \, e^{-2\pi i n \vartheta}.
\end{aligned} \tag{4.56}
$$

Die Vertauschung der Summationen ist durch absolute Konvergenz in jenem y-Bereich gesichert, in dem die Abschätzung (4.35) aus Lemma 4.2 für die Absolutreihe von $P(z, \infty, s, n)$ gilt. Dies folgt aus dem schon mehrfach verwendeten, in (2.27) und (2.28) beschriebenen asymptotischen Verhalten der I- und der K-Funktion.

Für den Rest des Bereiches der z mit $y_M < \eta$ für alle $M \in \Gamma$ folgt die Gültigkeit von (4.56) aus der Tatsache, daß $G(z, \zeta, s)$ dort als reell-analytische Funktion in ζ eine konvergente Fourier-Entwicklung besitzt, deren Koeffizienten in z Eigenfunktionen von $-\Delta$ sind. Diese sind durch ihre Werte in einer offenen Menge bestimmt.

Bevor wir das Ergebnis als Satz formulieren, wollen wir es auf eine beliebige Spitze ξ_κ übertragen. Hierzu bemerken wir zunächst, daß für $A \in SL(2, \mathbb{R})$ gilt

$$\left| \frac{A(z) - A(\zeta)}{A(z) - \overline{A(\zeta)}} \right| = \left| \frac{z - \zeta}{z - \bar{\zeta}} \right|. \tag{4.57}$$

Eine leichte Rechnung, die diese Tatsache verwendet, zeigt nun

$$G(z, \zeta, s) = \sum_{M \in \Gamma^{A_\kappa}} \left(1 - \left| \frac{M(z_\kappa) - \zeta_\kappa}{M(z_\kappa) - \bar{\zeta}_\kappa} \right|^2 \right)^s$$
$$\cdot F\left(s, s; 2s; 1 - \left| \frac{M(z_\kappa) - \zeta_\kappa}{M(z_\kappa) - \bar{\zeta}_\kappa} \right|^2 \right), \tag{4.58}$$

wobei Γ^{A_κ} wieder $A_\kappa \Gamma A_\kappa^{-1}$ bedeutet.

Auf diese Funktion von z_κ und ζ_κ können wir unsere Betrachtungen anwenden und erhalten damit den

Satz 4.2. *Die Fourier-Entwicklung von* $G(z, \zeta, s)$ *bezüglich* ζ *in der Spitze* ξ_κ *lautet für* $\eta_\kappa > y_{\kappa M}$ *(alle* $M \in \Gamma$)

$$G(z, \zeta, s) = 2^{2s+1} \sqrt{\pi} \, \frac{\Gamma(s - \frac{1}{2})}{\Gamma(s)} E_\kappa(z, s) \eta_\kappa^{1-s} \tag{4.59}$$
$$+ \frac{2^{2s+2} \sqrt{\pi} \, \Gamma(s + \frac{1}{2})}{\Gamma(s)} \sum_{\substack{n=-\infty \\ n \neq 0}}^{\infty} P(z, \xi_\kappa, s, -n) \eta_\kappa^{\frac{1}{2}} K_{s-\frac{1}{2}}(2\pi |n| \eta_\kappa) e^{2\pi i n \vartheta_\kappa}.$$

Für $\zeta \to \xi_\kappa$ *gilt*

$$G(z, \zeta, s) = 2^{2s+1} \sqrt{\pi} \, \frac{\Gamma(s - \frac{1}{2})}{\Gamma(s)} E_\kappa(z, s) \eta_\kappa^{1-s} + O(e^{-2\pi \eta_\kappa}). \tag{4.60}$$

Die Formel (4.60) folgt aus (4.59), wenn man das asymptotische Verhalten der K-Funktion berücksichtigt.

Wir machen noch die Bemerkung, daß man in Satz 4.2 die Rollen von z und ζ vertauschen kann, da

$$G(z, \zeta, s) = G(\zeta, z, s) \tag{4.61}$$

gilt. (4.61) folgt sofort aus der Definition von $G(z, \zeta, s)$ und der Bemerkung (4.57).

Für die Reihe $P(z, \zeta, s, n)$ mit beliebigem ganzem n zeigen wir das weitaus schwächere

Korollar 4.1. *Die Funktion* $P(z, \zeta, s, n)$ (Re $(s) > 1$) *ist bei festem* z *als Funktion von* ζ *in allen parabolischen Spitzen beschränkt; dasselbe gilt, wenn man* z *und* ζ *vertauscht.*

Für $n=0$ folgt die Aussage aus Satz 4.3, Formel (4.60). Für $n \neq 0$ sei $\varepsilon > 0$ fest und y_κ so groß, daß

$$\left| \frac{M(z)-\zeta}{M(z)-\bar{\zeta}} \right| > \varepsilon \tag{4.62}$$

wird für alle $M \in \Gamma$. Dann gibt es eine von M unabhängige Konstante C, so daß

$$\left| \left| \frac{M(z)-\zeta}{M(z)-\bar{\zeta}} \right|^{|n|} F\left(s+|n|, s; 2s; 1 - \left| \frac{M(z)-\zeta}{M(z)-\bar{\zeta}} \right|^2 \right) \right| < C \tag{4.63}$$

ausfällt, und hieraus folgt, daß $C \cdot G(z, \zeta, \mathrm{Re}\,(s))$ eine Majorante von $P(z, \zeta, s, n)$ ist. Korollar 4.1 ist damit bewiesen.

§ 5. Die analytische Fortsetzung der Eisensteinreihen

In diesem Paragraphen werden wir die Eisensteinreihen $E_\iota(z, s)$ $(\iota = 1, \ldots, p)$ mit Hilfe der Fredholmschen Integralgleichungstheorie in der von Smithies [15] gegebenen Form als Funktionen von s in die ganze komplexe Ebene analytisch fortsetzen und eine Funktionalgleichung herleiten. Der Kern des Integralgleichungssystems wird durch verschiedene Abänderungen aus der Funktion $G(z, \zeta, s)$ gewonnen werden, und der schwierigste Teil des Beweises wird der quadratischen Integrierbarkeit des Kerns gelten.

Als erste Abänderung von $G(z, \zeta, s)$ definieren wir

$$G_1(z, \zeta, s) = \frac{(\Gamma(s))^2}{8\pi\Gamma(2s)} G(z, \zeta, s). \tag{5.1}$$

Das hat zur Folge, daß

$$G_1(z, \zeta, s) + \frac{1}{2\pi} \log |z-\zeta| \tag{5.2}$$

bei $z = \zeta$ als stetige Funktion erklärt werden kann (vgl. (3.13) und Roelcke [11], S. 262, (7.7)). Diese Normierung macht spätere Berechnungen mit Hilfe des Greenschen Satzes bequem. Da $G_1(z, \zeta, s)$ sich von $G(z, \zeta, s)$ um einen Faktor unterscheidet, der nur von s abhängt, erhält man die Fourier-Entwicklung von $G_1(z, \zeta, s)$ bezüglich ζ in der Spitze ξ_κ aus der in Formel (4.59) angegebenen von $G(z, \zeta, s)$. Beachtet man die bekannte Funktionalgleichung der Γ-Funktion

$$\Gamma(s)\,\Gamma(s+\tfrac{1}{2}) = 2^{1-2s}\sqrt{\pi}\,\Gamma(2s), \tag{5.3}$$

so ergibt sich

$$G_1(z, \zeta, s) = \frac{1}{2s-1} E_\kappa(z, s) \eta_\kappa^{1-s}$$
$$+ \sum_{\substack{n=-\infty \\ n \neq 0}}^{\infty} P(z, \xi_\kappa, s, -n) \eta_\kappa^{\frac{1}{2}} K_{s-\frac{1}{2}}(2\pi |n| \eta_\kappa) e^{2\pi i n \vartheta_\kappa}. \tag{5.4}$$

Nun wollen wir $G_1(z, \zeta, s)$ als Funktion von ζ in den parabolischen Spitzen so abschöpfen, daß die geänderte Funktion in den Spitzen exponentiell abfällt. Wir verwenden den in § 3 auf Seite 18–19 beschriebenen Fundamentalbereich $\mathfrak{F}$ und definieren die abgeänderte Funktion $\tilde{G}(z, \zeta, s)$ nur in den Punkten von $\mathfrak{H} \times \mathfrak{F}$. Die Werte auf dem Rand von $\mathfrak{F}$ spielen dabei keine Rolle, da der Rand des Fundamentalbereichs das Maß 0 hat, und wir uns für $\tilde{G}(z, \zeta, s)$ nur als Integralkern interessieren.

Wir wählen die Konstante B so groß, daß die Spitzensektoren $A_\kappa^{-1}(\mathfrak{S}(B))$ zu verschiedenen Spitzen disjunkt sind, daß also (3.23) mit B statt η gilt. Wir behalten uns vor, B später noch größer zu wählen.

Mit diesen Bezeichnungen geben wir jetzt die

Definition 5.1. *Der kompakte Teilbereich $\mathfrak{F}_B$ von $\mathfrak{F}$ werde definiert durch*

$$\mathfrak{F}_B = \mathfrak{F} - \bigcup_{\kappa=1}^{p} A_\kappa^{-1}(\mathfrak{S}(B)). \tag{5.5}$$

Der Integralkern $\tilde{G}(z, \zeta, s)$ sei nun bestimmt durch

$$\tilde{G}(z, \zeta, s) = G_1(z, \zeta, s) \quad \text{für } z \in \mathfrak{H}, \ \zeta \in \mathfrak{F}_B$$

und

$$\tilde{G}(z, \zeta, s) = G_1(z, \zeta, s) - \frac{1}{2s-1} E_\kappa(z, s) \eta_\kappa^{1-s} \tag{5.6}$$

für

$$\text{für } z \in \mathfrak{H}, \quad \zeta \in A_\kappa^{-1}(\mathfrak{S}(B)) \quad (\kappa = 1, \ldots, p).$$

Hierbei ist wieder $\zeta = \vartheta + i\eta$ gesetzt.

Offensichtlich ist $\tilde{G}(z, \zeta, s)$ damit für Re $(s) > 1$ auf $\mathfrak{H} \times \mathfrak{F}$ bis auf eine Menge vom Maß 0 wohldefiniert und sowohl in z als auch in ζ eine reell-analytische Eigenfunktion von $-\Delta$ zum Eigenwert $s(1-s)$. Aus der Fourier-Entwicklung (5.4) folgt, daß $\tilde{G}(z, \zeta, s)$ als Funktion von ζ in allen parabolischen Spitzen exponentiell abfällt.

Für die weitere Rechnung halten wir s mit Re $(s) > 1$ fest und betrachten für $t \in \mathbb{C}$ mit Re $(t) > 1$ das Integral

$$J = \int_{\mathfrak{F}} \tilde{G}(z, \zeta, s) E_\iota(\zeta, t) \, d\omega_\zeta \quad (\iota = 1, \ldots, p). \tag{5.7}$$

Aus den vorangehenden Bemerkungen über das Verhalten von $\tilde{G}(z, \zeta, s)$ in den parabolischen Spitzen, aus der Kennzeichnung der Singularität von $G(z, \zeta, s)$ für $z \to \zeta$ in (5.2) und aus Satz 4.1 folgt, daß das Integral (5.7) für alle $z \in \mathfrak{H}$ existiert. Da $\tilde{G}$ und E_t Eigenfunktionen von $-\varDelta$ zum Eigenwert $s(1-s)$ bzw. $t(1-t)$ sind, gilt, wie man leicht nachrechnet

$$J = \frac{1}{t(1-t) - s(1-s)} \int\limits_{\mathfrak{F}} \{ \varDelta_\zeta(\tilde{G}(z, \zeta, s)) E_t(\zeta, t) \tag{5.8}$$
$$- \tilde{G}(z, \zeta, s) \varDelta(E_t(\zeta, t)) \} \, d\omega_\zeta.$$

Der Index bei $\varDelta$ gibt an, auf welche Variable der Operator wirkt. $\varDelta_\zeta(\tilde{G}(z, \zeta, s))$ ist zwar nur dort definiert, wo die Funktion reell analytisch ist, aber die Ausnahmemenge ist vom Maß 0.

Das Integral in (5.8) wollen wir mit Hilfe des Greenschen Satzes auswerten. Hierbei setzen wir voraus, daß z im Innern des Fundamentalbereichs liegt und daß $y_\kappa \neq B$ für $\kappa = 1, \ldots, p$ gilt, daß also z nicht auf einem der „Querschnitte" liegt. Die restlichen Punkte bilden wieder eine Ausnahmemenge vom Maß 0.

Um den Greenschen Satz anwenden zu können, nähern wir $\mathfrak{F}$ durch folgenden Bereich $\mathfrak{F}^*(\varepsilon, D)$ an: aus $\mathfrak{F}$ entfernen wir eine kleine Kreisscheibe um z mit einem Radius $\varepsilon > 0$ und die Spitzensektoren $A_\kappa^{-1}(\mathfrak{S}(D))$ $(\kappa = 1, \ldots, p)$ mit großem D (von vornherein sei $D > B$ angenommen). Dann können wir

$$\int\limits_{\mathfrak{F}} \quad \text{durch} \quad \lim\limits_{\substack{\varepsilon \to 0 \\ D \to \infty}} \int\limits_{\mathfrak{F}^*(\varepsilon, D)}$$

ersetzen und auf das Integral über $\mathfrak{F}^*$ den Greenschen Satz anwenden.

Die Randintegrale über die Grenzen des Fundamentalbereichs heben sich auf, da jedes Randstück mit entgegengesetzter Orientierung zweimal vorkommt und der Integrand Γ-invariant ist. Die Integrale über $\eta_\kappa = D(\zeta = \vartheta + i\eta)$ ergeben konvergente Summen der Form

$$\sum\limits_{\substack{n = -\infty \\ n \neq 0}}^{\infty} a_n K'_{s - \frac{1}{2}}(2\pi |n| D).$$

Aus den Rekursionsformeln Watson [16], S. 79, 3.71, und aus dem in (2.27) beschriebenem exponentiellen Abfall der K-Funktion folgt, daß diese Summen für $D \to \infty$ verschwinden. Bezeichnet man mit J_z das Integral über den Rand der kleinen Kreisscheibe und mit $J_{\kappa, B}$ das Integral über $\eta_\kappa = B$, so hat man also

$$J = \frac{1}{t(1-t) - s(1-s)} \left\{ J_z + \sum\limits_{\kappa=1}^{p} J_{\kappa, B} \right\}. \tag{5.9}$$

Der Wert von J_z ist wegen (5.2)

$$J_z = E_\iota(z, t). \tag{5.10}$$

Für die Integrale $J_{\kappa, B}$ bedenkt man, daß nur der Sprung in $\tilde{G}(z, \zeta, s)$ einen Beitrag liefert; daher benötigt man aus der Fourier-Entwicklung (4.23) der Eisensteinreihe nur die nullten Koeffizienten und erhält

$$J_{\kappa, B} = \frac{-1}{2s-1} E_\kappa(z, s)\big(\delta_{\iota, \kappa}(1-s-t)B^{t-s} + \varphi_{\iota, \kappa}(t)(t-s)B^{1-t-s}\big). \tag{5.11}$$

Faßt man die Ergebnisse zusammen, so ergibt sich ($\iota = 1, \ldots, p$)

$$\int_{\mathfrak{F}} \tilde{G}(z, \zeta, s) E_\iota(\zeta, t)\, d\omega_\zeta = \frac{1}{t(1-t) - s(1-s)} \bigg\{ E_\iota(z, t)$$
$$- \frac{1}{2s-1}\Big((1-s-t)B^{t-s}E_\iota(z, s) + (t-s)B^{1-t-s} \tag{5.12}$$
$$\cdot \sum_{\kappa=1}^{p} \varphi_{\iota, \kappa}(t) E_\kappa(z, s)\Big)\bigg\}.$$

Wir haben (5.12) nicht für alle Punkte $z \in \mathfrak{H}$ gezeigt, aber die Ausnahmemenge hat das Maß 0. Wir werden aber hinter (5.50) zeigen, daß die linke Seite eine stetige Funktion von z darstellt. Da dies auch für die rechte Seite gilt, stimmen beide Seiten für alle $z \in \mathfrak{H}$ überein. Übrigens könnte man diese Aussage auch durch Verfeinerung der Überlegungen zum Greenschen Satz beweisen.

Da wir die p Eisensteinreihen $E_\iota(z, s)$, $\iota = 1, \ldots, p$, gleichzeitig analytisch fortsetzen wollen, gehen wir jetzt zu vektorieller Schreibweise über. Den Spaltenvektor mit den Elementen $E_\iota(z, s)$ bezeichnen wir mit $E(z, s)$, und die $p \times p$-Matrix mit dem allgemeinen Element

$$\psi_{\iota, \kappa}(t, s) = \delta_{\iota, \kappa}(1-s-t)B^{t-s} + (t-s)B^{1-s-t}\varphi_{\iota, \kappa}(t) \tag{5.13}$$

bezeichnen wir mit $\Psi(t, s)$.

Wenn dadurch keine Unklarheit entsteht, schreiben wir Matrizenprodukte ohne weitere Anmerkung wie gewöhnliche Produkte. Aus (5.12) ergibt sich dann nach einer trivialen Umformung

$$E(z, t) = \frac{1}{2s-1}\, \Psi(t, s) E(z, s)$$
$$+ \big(t(1-t) - s(1-s)\big)\int_{\mathfrak{F}} \tilde{G}(z, \zeta, s) E(\zeta, t)\, d\omega_\zeta. \tag{5.14}$$

Die Matrix $\Psi(t, s)$ ist eine Matrix von Funktionen, die in Abhängigkeit von t für $\mathrm{Re}\,(t) > 1$ holomorph sind. Wir wollen diese Matrix invertieren;

natürlich können wir nicht hoffen, daß $(\Psi(t,s))^{-1}$ aus holomorphen Funktionen besteht, wohl aber aus meromorphen Funktionen mit dem Nenner $\det(\Psi(t,s))$. Für die Invertierbarkeit in diesem Sinn müssen wir lediglich prüfen, ob die Determinate nicht identisch verschwindet. Hierfür verwenden wir aus Lemma 4.1 die asymptotische Aussage (4.25) für $\varphi_{\iota,\kappa}(s)$. Wir nehmen an, daß $B > \dfrac{1}{c_1}$ gilt für alle p^2 in (4.25) auftretenden Konstanten c_1. Dann ist

$$\lim_{t \to +\infty} (1-s-t)\, B^{t-s} = \infty \tag{5.15}$$

und

$$\lim_{t \to +\infty} (t-s)\, B^{1-t-s}\, \varphi_{\iota,\kappa}(t) = 0. \tag{5.16}$$

Wir haben also für großen Re(t) eine Matrix mit überwiegender Hauptdiagonale, und die Determinante ist dort ungleich 0, verschwindet also nicht identisch. Multiplizieren wir die Vektorgleichung (5.14) von links mit der Matrix $(\Psi(t,s))^{-1}$, die ja von z und ζ unabhängig ist, so ergibt sich

$$\begin{aligned}
(\Psi(t,s))^{-1} E(z,t) = {} & \frac{1}{2s-1} E(z,s) \\
& + \big(t(1-t) - s(1-s)\big) \int_{\mathfrak{F}} \tilde{G}(z,\zeta,s)(\Psi(t,s))^{-1} E(\zeta,t)\, d\omega_\zeta.
\end{aligned} \tag{5.17}$$

Wir haben also gezeigt

Lemma 5.1. *Der Funktionenvektor* $(\Psi(t,s))^{-1} E(z,t)$ *genügt für* Re$(t) > 1$, *wenn man* $\lambda = t(1-t)$ *setzt, der Integralgleichung*

$$u(z,\lambda) = \frac{1}{2s-1} E(z,s) + (\lambda - s(1-s)) \int_{\mathfrak{F}} \tilde{G}(z,\zeta,s)\, u(\zeta,\lambda)\, d\omega_\zeta. \tag{5.18}$$

Auf die Integralgleichung (5.18) können wir die Fredholmsche Theorie noch nicht anwenden, denn die „Störfunktionen" $E_\iota(z,s)$ liegen nicht im Hilbert-Raum, und auch der Kern $\tilde{G}(z,\zeta,s)$ ist keineswegs quadratisch integrierbar. Wir können aber, indem wir einen Trick aus Selberg [12] verwenden, mit einem kleinen $\varepsilon > 0$ die Gl. (5.18) folgendermaßen umschreiben:

$$\begin{aligned}
\exp\!\left(-\varepsilon \sum_{\kappa=1}^{p} y_\kappa\right) u(z,\lambda) = {} & \frac{1}{2s-1} \exp\!\left(-\varepsilon \sum_{\kappa=1}^{p} y_\kappa\right) E(z,s) \\
& + (\lambda - s(1-s)) \int_{\mathfrak{F}} \exp\!\left(-\varepsilon \sum_{\kappa=1}^{p} (y_\kappa - \eta_\kappa)\right) \\
& \cdot \tilde{G}(z,\zeta,s) \exp\!\left(-\varepsilon \sum_{\kappa=1}^{p} \eta_\kappa\right) u(\zeta,\lambda)\, d\omega_\zeta.
\end{aligned} \tag{5.19}$$

Nun ist die Störfunktion $\dfrac{1}{2s-1}\exp\left(-\varepsilon\sum\limits_{\kappa=1}^{p}y_\kappa\right)E(z,s)$ quadratisch integrierbar, da sie in allen Spitzen exponentiell abfällt, und für den Kern beweisen wir den zentralen

Satz 5.1. *Der Kern*

$$\tilde{G}(z,\zeta,s,\varepsilon)=\exp\left(-\varepsilon\sum_{\kappa=1}^{p}(y_\kappa-\eta_\kappa)\right)\tilde{G}(z,\zeta,s)$$

ist für kleines ε quadratisch integrierbar in dem Sinn, daß

$$\iint\limits_{\mathfrak{F}\times\mathfrak{F}}|\tilde{G}(z,\zeta,s,\varepsilon)|^2\,d\omega_z\,d\omega_\zeta<\infty \tag{5.20}$$

ausfällt.

Zum Beweis von (5.20) müssen wir den Bereich $\mathfrak{F}\times\mathfrak{F}$ in geeigneter Weise aufteilen und die Integrale einzeln abschätzen. Die schwierigen, kritischen Bereiche sind diejenigen, die in bezug auf z und auf ζ dieselbe Spitze enthalten: die Bereiche

$$A_\iota^{-1}\big(\mathfrak{S}(B)\big)\times A_\iota^{-1}\big(\mathfrak{S}(B)\big).$$

Der Bereich $\mathfrak{F}_{B+1}\times\mathfrak{F}_{B+1}$ (siehe Def. 5.1) ist kompakt, die Singularität von $\tilde{G}(z,\zeta,s,\varepsilon)$ bei $z=\zeta$ ist nur logarithmischer Natur, hier gilt natürlich

$$\iint\limits_{\mathfrak{F}_{B+1}\times\mathfrak{F}_{B+1}}|\tilde{G}(z,\zeta,s,\varepsilon)|^2\,d\omega_z\,d\omega_\zeta<\infty. \tag{5.21}$$

Der Bereich

$$\mathfrak{F}\times\mathfrak{F}-\left((\mathfrak{F}_{B+1}\times\mathfrak{F}_{B+1})\cup\bigcup_{\iota=1}^{p}A_\iota^{-1}\big(\mathfrak{S}(B)\big)\times A_\iota^{-1}\big(\mathfrak{S}(B)\big)\right)$$

hat endliches Volumen und positiven Abstand von der Diagonalen, dort ist $\tilde{G}(z,\zeta,s,\varepsilon)$ beschränkt, da der Kern in allen Spitzen stark abfällt.

Es verbleiben also die Integrale ($\iota=1,\ldots,p$)

$$J_1=\iint\limits_{A_\iota^{-1}(\mathfrak{S}(B))\times A_\iota^{-1}(\mathfrak{S}(B))}$$
$$\cdot\exp\left(-2\varepsilon\sum_{\kappa=1}^{p}(y_\kappa-\eta_\kappa)\right)|\tilde{G}(z,\zeta,s)|^2\,d\omega_z\,d\omega_\zeta \tag{5.22}$$

abzuschätzen.

Geht man zu z_κ und ζ_κ als Integrationsvariablen über, so kann man die Grenzen explizit anschreiben und hat dann

$$J_1=\int\limits_{B}^{\infty}\int\limits_{B}^{\infty}\int\limits_{0}^{1}\int\limits_{0}^{1}\exp\left(-2\varepsilon\sum_{\kappa=1}^{p}(y_\kappa-\eta_\kappa)\right)|\tilde{G}(z,\zeta,s)|^2\,\frac{d\vartheta_\iota\,dx_\iota\,d\eta_\iota\,dy_\iota}{\eta_\iota^2\,y_\iota^2}. \tag{5.23}$$

Die Umwandlung in ein Mehrfachintegral wird nach dem Satz von Fubini durch absolute Konvergenz gerechtfertigt werden. Das Integral J_1 spalten wir in zwei Teilintegrale auf, indem wir

$$J_1 = J_2 + J_3 \tag{5.24}$$

setzen, wobei J_2 das Teilintegral mit $\eta_\iota > y_\iota$, J_3 das Teilintegral mit $\eta_\iota < y_\iota$ bedeutet.

Wenden wir uns zunächst dem Integral

$$J_2 = \int\limits_B \int\limits_{y_\iota}^\infty \int\limits_0^1 \int\limits_0^1 \exp\left(-2\varepsilon \sum_{\kappa=1}^p (y_\kappa - \eta_\kappa)\right) |\tilde{G}(z,\zeta,s)|^2 \frac{d\vartheta_\iota\, dx_\iota\, d\eta_\iota\, dy_\iota}{\eta_\iota^2 y_\iota^2} \tag{5.25}$$

zu. Für $\kappa \neq \iota$ sind y_κ und η_κ im Integrationsbereich beschränkt, so daß mit einer Konstanten C_1

$$\exp\left(-2\varepsilon \sum_{\substack{\kappa=1 \\ \kappa \neq \iota}}^p (y_\kappa - \eta_\kappa)\right) \leqq C_1 \tag{5.26}$$

gilt. Die hier vorkommende Konstante C_1 hat, wie auch die folgenden C_2, $C_3, \ldots$, nichts mit den C_i im vorigen Paragraphen zu tun. Damit haben wir

$$J_2 \leqq C_1 \int\limits_B \int\limits_{y_\iota}^\infty \int\limits_0^1 \int\limits_0^1 e^{-2\varepsilon(y_\iota - \eta_\iota)} |\tilde{G}(z,\zeta,s)|^2 \frac{d\vartheta_\iota\, dx_\iota\, d\eta_\iota\, dy_\iota}{\eta_\iota^2 y_\iota^2}. \tag{5.27}$$

Da wir B genügend groß gewählt haben und $\eta_\iota > y_\iota$ gilt, können wir hier die Fourier-Entwicklung (5.4) für $G_1(z,\zeta,s)$ verwenden, die natürlich für $G(z,\zeta,s)$ gilt, wenn man den nullten Term wegläßt. Wir erhalten dann

$$J_2 \leqq C_1 \int\limits_B \int\limits_{y_\iota}^\infty \int\limits_0^1 \int\limits_0^1 e^{-2\varepsilon(y_\iota - \eta_\iota)} \left| \sum_{\substack{n=-\infty \\ n \neq 0}}^\infty P(z,\xi_\iota,s,-n)\eta_\iota^{\frac{1}{2}} \right.$$

$$\left. \cdot K_{s-\frac{1}{2}}(2\pi |n| \eta_\iota) e^{2\pi i n \vartheta_\iota} \right|^2 \frac{d\vartheta_\iota\, dx_\iota\, d\eta_\iota\, dy_\iota}{y_\iota^2 \eta_\iota^2}. \tag{5.28}$$

Die Integration über ϑ_ι führen wir mit Hilfe der Parsevalschen Formel aus und bekommen

$$J_2 \leqq C_1 \int\limits_B \int\limits_{y_\iota}^\infty \int\limits_0^1 e^{-2\varepsilon(y_\iota - \eta_\iota)} \sum_{\substack{m=-\infty \\ m \neq 0}}^\infty |P(z,\xi_\iota,s,m)\eta_\iota^{\frac{1}{2}}$$

$$\cdot K_{s-\frac{1}{2}}(2\pi |m| \eta_\iota)|^2 \frac{dx_\iota\, d\eta_\iota\, dy_\iota}{\eta_\iota^2 y_\iota^2}. \tag{5.29}$$

Für $P(z, \xi_\iota, s, m)$ haben wir in Lemma 4.2 die Abschätzung (4.35) gewonnen, die für $\iota = \kappa$ lautet

$$\left| P(z, \xi_\iota, s, n) - y_\iota^{\frac{1}{2}} I_{s-\frac{1}{2}}(2\pi |n| y_\iota) e^{2\pi i n x_\iota} \right|$$
$$\leq C (2\pi |n|)^{\sigma - \frac{1}{2}} e^{2\pi |n|} y_\iota^{1-\sigma} \tag{5.30}$$

mit einer von n unabhängigen Konstanten C. Hieraus folgt zusammen mit der Aussage (2.28) über $I_{s-\frac{1}{2}}$ leicht die Abschätzung

$$|P(z, \xi_\iota, s, n)| \leq C_2 |n|^{-\frac{1}{2}} e^{2\pi |n| y_\iota} \tag{5.31}$$

für $y_\iota > B$. Wenn wir diese Abschätzung in (5.29) eintragen, hängt der Integrand ersichtlich nicht mehr von x_ι ab, und wir können die Integration über x_ι durchführen mit dem Ergebnis (den Index ι können wir jetzt weglassen)

$$J_2 \leq C_3 \int_B^\infty \int_y^\infty e^{-2\varepsilon(y-\eta)} \sum_{\substack{m=-\infty \\ m \neq 0}}^\infty |m|^{-1} e^{4\pi |m| y}$$
$$\cdot \left| \eta^{\frac{1}{2}} K_{s-\frac{1}{2}}(2\pi |m| \eta) \right|^2 \frac{d\eta \, dy}{\eta^2 y^2}. \tag{5.32}$$

Für $\left| \eta^{\frac{1}{2}} K_{s-\frac{1}{2}}(2\pi |m| \eta) \right|$ haben wir aus (2.27) die Abschätzung

$$\left| \eta^{\frac{1}{2}} K_{s-\frac{1}{2}}(2\pi |m| \eta) \right| \leq C |m|^{-\frac{1}{2}} e^{-2\pi |m| \eta}. \tag{5.33}$$

Damit folgt aus (5.32)

$$J_2 \leq C_4 \int_B^\infty \int_y^\infty e^{-2\varepsilon(y-\eta)} \sum_{\substack{m=-\infty \\ m \neq 0}}^\infty |m|^{-2} e^{4|m|\pi(y-\eta)} \frac{d\eta \, dy}{(\eta y)^2}. \tag{5.34}$$

Da der Integrand positiv ist, können Summation und Integration vertauscht werden, und es gilt

$$J_2 \leq C_4 \sum_{\substack{m=-\infty \\ m \neq 0}}^\infty |m|^{-2} \int_B^\infty e^{-2(\varepsilon - 2|m|\pi)y} y^{-2} \int_y^\infty e^{2(\varepsilon - 2|m|\pi)\eta} \eta^{-2} \, d\eta \, dy$$

$$\leq C_4 \sum_{\substack{m=-\infty \\ m \neq 0}}^\infty |m|^{-2} \int_B^\infty y^{-2} \, dy < \infty.$$

Damit ist die Konvergenz von J_2 gezeigt.

Für das Integral J_3 verwenden wir die folgenden Tatsachen: Zunächst ist im ganzen Integrationsbereich

$$\tilde{G}(z, \zeta, s) = G_1(z, \zeta, s) - \frac{1}{2s-1} E_\iota(z, s) \eta_\iota^{1-s}. \tag{5.35}$$

Sodann gilt entsprechend der Bemerkung im Anschluß an Satz 4.2

$$G_1(z, \zeta, s) = G_1(\zeta, z, s), \tag{5.36}$$

so daß wir die Fourier-Entwicklung (5.4) verwenden können, wobei z und ζ vertauscht sind; damit erhalten wir im Integrationsbereich von J_3

$$\tilde{G}(z, \zeta, s) = \frac{1}{2s-1} E_\iota(\zeta, s) y_\iota^{1-s} - \frac{1}{2s-1} E_\iota(z, s) \eta_\iota^{1-s}$$
$$+ \sum_{\substack{n=-\infty \\ n \neq 0}}^{\infty} P(\zeta, \xi_\iota, s, -n) y_\iota^{\frac{1}{2}} K_{s-\frac{1}{2}}(2\pi |n| y_\iota) e^{2\pi i n x_\iota}. \tag{5.37}$$

Definieren wir

$$J_{3,1} = \frac{1}{|2s-1|^2} \int_B \int_{\eta_\iota}^{\infty} \int_0^1 \int_0^1 \exp\left(-2\varepsilon \sum_{\kappa=1}^{p} (y_\kappa - \eta_\kappa)\right)$$
$$\cdot |E_\iota(\zeta, s) y_\iota^{1-s}|^2 \frac{dx_\iota \, d\vartheta_\iota \, dy_\iota \, d\eta_\iota}{y_\iota^2 \eta_\iota^2},$$

$$J_{3,2} = \frac{1}{|2s-1|^2} \int_B \int_{\eta_\iota}^{\infty} \int_0^1 \int_0^1 \exp\left(-2\varepsilon \sum_{\kappa=1}^{p} (y_\kappa - \eta_\kappa)\right)$$
$$\cdot |E_\iota(z, s) \eta_\iota^{1-s}|^2 \frac{dx_\iota \, d\vartheta_\iota \, dy_\iota \, d\eta_\iota}{y_\iota^2 \eta_\iota^2} \tag{5.38}$$

und

$$J_{3,3} = \int_B \int_{\eta_\iota}^{\infty} \int_0^1 \int_0^1 \exp\left(-2\varepsilon \sum_{\kappa=1}^{p} (y_\kappa - \eta_\kappa)\right) \left| \sum_{\substack{n=-\infty \\ n \neq 0}}^{\infty} P(\zeta, \xi_\iota, s, -n) y_\iota^{\frac{1}{2}} \right.$$
$$\left. \cdot K_{s-\frac{1}{2}}(2\pi |n| y_\iota) e^{2\pi i n x} \right|^2 \frac{dx_\iota \, d\vartheta_\iota \, dy_\iota \, d\eta_\iota}{y_\iota^2 \eta_\iota^2},$$

so genügt es für die Konvergenz von J_3 offensichtlich, die von $J_{3,1}$, $J_{3,2}$, $J_{3,3}$ zu beweisen.

Aus Satz 4.1 wissen wir, daß

$$\lim_{y_\iota \to \infty} E_\iota(z, s) y_\iota^{-s} = 1 \tag{5.39}$$

ist. Deshalb gilt für $B < \eta_\iota < y_\iota$

$$|E_\iota(\zeta, s) y_\iota^{1-s}| < C_5 |E_\iota(z, s) \eta_\iota^{1-s}|. \tag{5.40}$$

Somit folgt die Konvergenz von $J_{3,1}$ aus der von $J_{3,2}$. Ebenfalls wegen (5.39) gilt aber für $B < y_\iota$

$$|E_\iota(z, s)| < C_6 \, y_\iota^{\text{Re}(s)}. \tag{5.41}$$

Also ist, wenn wir wie bei Formel (5.27) schließen und $s = \sigma + i\tau$ setzen

$$J_{3,2} < C_7 \int\limits_B^\infty \int\limits_{\eta_\iota}^\infty e^{-2\varepsilon(y_\iota - \eta_\iota)} y_\iota^{2\sigma-2} \eta_\iota^{-2\sigma} dy_\iota d\eta_\iota$$

$$= C_7 \int\limits_B^\infty \eta^{-2\sigma} e^{2\varepsilon\eta} \int\limits_\eta^\infty y_\iota^{2\sigma-2} e^{-2\varepsilon y} dy\, d\eta. \qquad (5.42)$$

Durch mehrfache partielle Integration zeigt man, daß

$$\int\limits_\eta^\infty y^{2\sigma-2} e^{-2\varepsilon y} dy < C_8 \eta^{2\sigma-2} e^{-2\varepsilon\eta} \qquad (5.43)$$

ist.

Damit folgt

$$J_{3,2} < C_9 \int\limits_B^\infty \eta^{-2} d\eta < \infty, \qquad (5.44)$$

und die Konvergenz von $J_{3,2}$ und damit von $J_{3,1}$ ist gezeigt.

Die Abschätzung von $J_{3,3}$ bietet nun keine neuen Schwierigkeiten mehr. Man wendet wie bei J_2 die Parseval-Gleichung, die Abschätzung für $P(z, \xi_\iota, s, n)$ und die asymptotischen Aussagen über die I- und die K-Funktion an und erhält

$$J_{3,3} < C_{10} \sum\limits_{\substack{m=-\infty \\ m \neq 0}}^\infty |m|^{-2} \int\limits_B^\infty e^{2(\varepsilon+2|m|\pi)\eta} \eta^{-2} \int\limits_\eta^\infty e^{-2(\varepsilon+2|m|\pi)y} y^{-2} dy\, d\eta, \qquad (5.45)$$

und die Konvergenz folgt.

Satz 5.1 ist bewiesen.

Da die quadratische Integrierbarkeit des Kerns der Integralgleichung (5.19) jetzt bewiesen ist, können wir die Fredholmsche Lösungstheorie in der von Smithies [15] angegebenen Form anwenden. Wir formulieren das Ergebnis nicht für den Funktionenvektor

$$\exp\left(-\varepsilon \sum\limits_{\kappa=1}^p y_\kappa\right) u(z, \lambda),$$

der die Gl. (5.19) löst, sondern für $u(z, \lambda)$ selbst. Es gilt

Lemma 5.2. *Der Vektor $u(z, \lambda)$ besteht aus für alle $\lambda \in \mathbb{C}$ eindeutigen meromorphen Funktionen von λ. Für $\lambda = t(1-t)$ mit $\mathrm{Re}\,(t) > 1$ ist*

$$u(z, \lambda) = (\Psi(t, s))^{-1} E(z, t). \qquad (5.46)$$

Dadurch können wir die Funktion $(\Psi(t, s))^{-1} E(z, t)$ eindeutig analytisch fortsetzen, indem wir für alle $t \in \mathbb{C}$ setzen

$$(\Psi(t, s))^{-1} E(z, t) = u(z, t(1-t)). \qquad (5.47)$$

Diese Formel liefert neben der analytischen Fortsetzung auch gleich eine Funktionalgleichung, da die rechte Seite sich nicht ändert, wenn man t durch $1-t$ ersetzt. Es gilt also

Satz 5.2. *Die Funktion* $(\Psi(t,s))^{-1} E(z,t)$ *ist als meromorphe Funktion von* t *in die ganze komplexe Ebene eindeutig analytisch fortsetzbar. Sie genügt der Funktionalgleichung*

$$(\Psi(t,s))^{-1} E(z,t) = (\Psi(1-t,s))^{-1} E(z,1-t). \tag{5.48}$$

Bevor wir zeigen, daß auch $E(z,t)$ selbst analytisch fortsetzbar ist, wollen wir uns überlegen, wie $u(z,\lambda)$ von z abhängt. Wir beweisen

Lemma 5.3. *Die Lösung* $u(z,\lambda)$ *der Integralgleichung* (5.18) *ist für alle* $\lambda \in \mathbb{C}$, *die keine Polstellen sind, eine reell-analytische Eigenfunktion von* $-\Delta$ *zum Eigenwert* λ.

Da die für den Beweis notwendigen Schlüsse im Prinzip wohlbekannt sind, werden wir uns kurz fassen.

Die Stetigkeit von $u(z,\lambda)$ ist offensichtlich mit der von

$$\exp\left(-\varepsilon \sum_{\kappa=1}^{p} y_\kappa\right) u(z,\lambda)$$

gleichwertig, und wir können von der Gl. (5.19) ausgehen. Hierzu zeigen wir für die Funktion

$$\widetilde{\widetilde{G}}(z,\zeta,s,\varepsilon) = \exp\left(-\varepsilon \sum_{\kappa=1}^{p} (y_\kappa - \eta_\kappa)\right) \widetilde{G}(z,\zeta,s) \tag{5.49}$$

aus Satz 5.1 die Aussage

$$\lim_{z \to z_0} \int_{\mathfrak{F}} |\,\widetilde{\widetilde{G}}(z,\zeta,s,\varepsilon) - \widetilde{\widetilde{G}}(z_0,\zeta,s,\varepsilon)|^2 \, d\omega_\zeta = 0. \tag{5.50}$$

Um (5.50) zu beweisen, spaltet man das Integral über $\mathfrak{F}$ in Teilintegrale auf, und zwar einmal über Spitzenbereiche mit kleinem Volumen, dann über eine kleine Kreisscheibe, die z und z_0 enthält, und über den Rest, der ja kompakt ist. Dann verwendet man den Abfall in den Spitzen als Funktion von ζ, die quadratische Integrierbarkeit der Singularität bei $z=\zeta$ und die Stetigkeit im kompakten Rest, und (5.50) folgt. Um aus (5.50) auf die Stetigkeit von

$$\exp\left(-\varepsilon \sum_{\kappa=1}^{p} y_\kappa\right) u(z,\lambda)$$

zu schließen, braucht man nun nur noch auf das Integral

$$\int_{\mathfrak{F}} (\widetilde{\widetilde{G}}(z,\zeta,s,\varepsilon) - \widetilde{\widetilde{G}}(z_0,\zeta,s,\varepsilon)) \exp\left(-\varepsilon \sum_{\kappa=1}^{p} \eta_\kappa\right) u(\zeta,\lambda)\, d\omega_\zeta$$

die Cauchy-Schwartzsche Ungleichung anzuwenden und zu beachten, daß

$$\exp\left(-\varepsilon\sum_{\kappa=1}^{p}\eta_{\kappa}\right)u(\zeta,\lambda)$$

quadratisch integrierbar ist.

Als nächstes zeigt man genau wie Roelcke in [9], S. 32 ff. die zweimalige stetige Differenzierbarkeit von $u(z,\lambda)$ aus Gl. (5.18), indem man unter dem Integralzeichen differenziert und bei Bedarf partiell integriert. Nun kann man auf der rechten Seite von (5.18) den Operator Δ anwenden. Den Beitrag der logarithmischen Singularität wertet man mit Hilfe der Poissonschen Formel aus, und man erhält

$$\Delta\big(u(z,\lambda)\big)=\frac{-s(1-s)}{2s-1}E(z,s)-\big(\lambda-s(1-s)\big)u(z,\lambda)$$
$$-s(1-s)\big(\lambda-s(1-s)\big)\int\limits_{\mathfrak{F}}\tilde{G}(z,\zeta,s)u(\zeta,\lambda)\,d\omega_{\zeta}. \tag{5.51}$$

Erneute Anwendung von (5.18) liefert dann das Ergebnis

$$\Delta u(z,\lambda)=-t(1-t)\,u(z,\lambda). \tag{5.52}$$

Hieraus folgt nach einem bekannten Satz, daß $u(z,\lambda)$ reell-analytisch von z abhängt.

Der nächste Schritt zur analytischen Fortsetzung von $E(z,t)$ ist

Lemma 5.4. *Die Matrizen* $(\Psi(t,s))^{-1}$ *und* $\Psi(t,s)$ *bestehen aus in der ganzen komplexen Ebene meromorphen Funktionen von* t.

Zum Beweis dieses Lemmas verwenden wir einen Eliminationstrick, der auf Selberg zurückgeht. Wir betrachten die Matrix $X(B_1,t,s)$ der nullten Fourier-Koeffizienten von $(\Psi(t,s))^{-1}E(z,t)$, deren allgemeine Spalte lautet

$$E^{(\kappa)}(B_1,t)=\int\limits_{0}^{1}\big(\Psi(t,s)\big)^{-1}E(z,t)\,dx_{\kappa}\big|_{y_{\kappa}=B_1}, \tag{5.53}$$

was für $\mathrm{Re}\,(t)>1$ gleichwertig ist mit

$$E^{(\kappa)}(B_1,t)=\big(\Psi(t,s)\big)^{-1}\int\limits_{0}^{1}E(z,t)\,dx_{\kappa}\big|_{y_{\kappa}=B_1}. \tag{5.54}$$

Auch $X(B_1,t,s)$ besteht für alle B_1 aus meromorphen Funktionen von t (hierfür wird Lemma 5.3 verwendet).

Nun ist aber für $\mathrm{Re}\,(t)>1$

$$\int\limits_{0}^{1}E_{\iota}(z,t)\,dx_{\kappa}\big|_{y_{\kappa}=B_1}=\delta_{\iota,\kappa}B_1^{t}+\varphi_{\iota,\kappa}(t)B_1^{1-t}. \tag{5.55}$$

Deshalb gilt, ebenfalls für Re $(t) > 1$

$$X(2, t, s) - 2^{1-t} X(1, t, s) = (2^t - 2^{1-t})(\Psi(t, s))^{-1}. \tag{5.56}$$

Die linke Seite von (5.56) ist aber eine für alle $t \in \mathbb{C}$ meromorphe Funktion, so daß die analytische Fortsetzung von $(\Psi t, s))^{-1}$ und damit auch die von $\Psi(t, s)$ geleistet ist. Multiplizieren wir nun $(\Psi(t, s))^{-1} E(z, t)$ von links mit $\Psi(t, s)$ und kombinieren Lemma 5.3 und Lemma 5.4, so erhalten wir als Ergebnis den

Satz 5.3. *$E(z, t)$ ist als meromorphe Funktion von t in die ganze komplexe Ebene fortsetzbar. Ist t keine Polstelle, so ist $E(z, t)$ als Funktion von z eine reell-analytische Eigenfunktion von $-\Delta$ zum Eigenwert $t(1 - t)$.*

§ 6. Die analytische Fortsetzung der Poincaréreihen und die Vollständigkeitssätze

In diesem letzten Paragraphen müssen wir besonders intensiv auf die Ergebnisse von Roelcke [11] zurückgreifen. Zum einen finden sich dort in den §§ 10—13 viele Resultate über Eisensteinreihen. Zum anderen verwenden wir für unser Verfahren der analytischen Fortsetzung der Poincaréreihen den folgenden Spektralsatz, der eine abgeschwächte Zusammenfassung der Entwicklungssätze 7.2, 8.1 und 12.3 in der genannten Arbeit von Roelcke ist. In ähnlichen Fällen, in welchen das Spektrum jedoch diskret war, haben Huber [2] und Selberg [14] dieselbe Grundidee für die analytische Fortsetzung benutzt.

Liegen f und g in $L^2 \left(\mathfrak{F}, \dfrac{dx\,dy}{y^2} \right)$, so ist ihr Skalarprodukt $\langle f, g \rangle$ definiert durch

$$\langle f, g \rangle = \int_{\mathfrak{F}} f(z) \overline{g(z)} \, d\omega_z. \tag{6.1}$$

Wir wollen aber das Integral in (6.1) auch dann mit $\langle f, g \rangle$ bezeichnen, wenn f oder g nicht in $L^2 \left(\mathfrak{F}, \dfrac{dx\,dy}{y^2} \right)$ liegt, sofern es absolut konvergiert.

Nun formulieren wir die Ergebnisse von Roelcke über Entwicklung nach automorphen Funktionen in einer für uns ausreichenden abgeschwächten Form als

Satz 6.1. *Es existiert ein orthonormiertes (endliches oder unendliches) System von quadratisch integrierbaren automorphen Funktionen e_μ ($\mu \in \mathbb{N}$), so daß jede beschränkte Funktion f auf $\mathfrak{F}$, die im Definitionsbereich von Δ liegt, eine absolut und auf Kompakta gleichmäßig konvergente Entwick-*

lung der Form

$$f(z)= \sum_{\mu \in \mathbb{N}} \langle f, e_\mu \rangle e_\mu(z)+\frac{1}{4\pi}\sum_{\iota=1}^{p}\int_{-\infty}^{\infty}\langle f, E_\iota(\cdot, \tfrac{1}{2}+ir)\rangle E_\iota(z, \tfrac{1}{2}+ir)\,dr \qquad (6.2)$$

besitzt.

Wir bemerken, daß die Skalarprodukte in (6.2) alle wohldefiniert sind. Für $\langle f, e_\mu \rangle$ ist das ganz klar, da f beschränkt und somit quadratisch integrierbar ist. Für $\langle f, E_\iota(\cdot, \tfrac{1}{2}+ir)\rangle$ muß man sich überlegen, daß $E_\iota(z, \tfrac{1}{2}+ir)$ in den parabolischen Spitzen nicht zu stark anwächst. Dies entnimmt man der Fourier-Entwicklung (4.23) der Eisensteinreihe, die nach der analytischen Fortsetzung natürlich auch für $\mathrm{Re}\,(s)=\tfrac{1}{2}$ gilt.

Obwohl die analytische Fortsetzung der Poincaréreihen zu inneren Punkten und zu parabolischen Spitzen ganz ähnlich verläuft, werden wir beide Fälle getrennt behandeln, da die Formeln verschieden aussehen. Wir beginnen mit den Poincaréreihen zu inneren Punkten.

Die Methode der analytischen Fortsetzung, nach der wir vorgehen werden, besteht darin, eine Funktion entsprechend Satz 6.1 zu entwikkeln und die Entwicklungskoeffizienten analytisch fortzusetzen. Natürlich können wir dieses Verfahren nicht auf $P(z, \zeta, s, n)$ selbst anwenden, da diese Funktion nicht beschränkt ist und für $n \neq 0$ als Funktion von z nicht einmal in $L^2\left(\mathfrak{F}, \dfrac{dx\,dy}{y^2}\right)$ liegt. Wir müssen also mit $P(z, \zeta, s, n)$ verwandte Reihen benutzen und geben hierfür

Definition 6.1. *Die modifizierte Poincaréreihe $\tilde{P}(z, \zeta, s, n)$ zu einem inneren Punkt ζ der oberen Halbebene sei für* $\mathrm{Re}\,(s)>1$ *definiert durch (vgl. Def. 3.1, Formeln (3.9) und (3.10))*

$$\tilde{P}(z, \zeta, s, n)= \sum_{M \in \Gamma^T\zeta} (M(w))^n (1-|M(w)|^2)^s \qquad (n\geqq 0) \qquad (6.3)$$

und

$$\tilde{P}(z, \zeta, s, n)= \sum_{M \in \Gamma^T\zeta} (\overline{M(w)})^{-n} (1-|M(w)|^2)^s \qquad (n\leqq 0). \qquad (6.4)$$

Für $\tilde{P}(z, \zeta, s, n)$ gilt

Lemma 6.1. *Die modifizierte Poincaréreihe $\tilde{P}(z, \zeta, s, n)$ ist als Funktion von z beschränkt, stetig, reell-analytisch und liegt im Definitionsbereich von Δ. Die Funktion*

$$P(z, \zeta, s, n)-\tilde{P}(z, \zeta, s, n)$$

wird durch die Reihe, die durch gliedweise Subtraktion entsteht, in den Bereich $\mathrm{Re}\,(s)>0$ *analytisch fortgesetzt.*

Ist das Lemma bewiesen, so wissen wir, daß $\tilde{P}(z, \zeta, s, n)$ den Voraussetzungen von Satz 6.1 genügt und daß die analytische Fortsetzung von

$\tilde{P}(z, \zeta, s, n)$ in den Bereich Re $(s) > 0$ mit der von $P(z, \zeta, s, n)$ gleichwertig ist.

Wir führen den Beweis nur für $n \geq 0$.

Zunächst bemerken wir, daß $\tilde{P}(z, \zeta, s, n)$ wegen Lemma 3.1 für Re $(s) > 1$ und für alle $z \in \mathfrak{H}$ absolut und auf Kompakta gleichmäßig konvergiert und somit eine stetige Funktion darstellt. Wie in § 3 für $P(z, \zeta, s, n)$ zeigt man, daß $\tilde{P}(z, \zeta, s, n)$ von z reell-analytisch abhängt und gliedweise differenziert werden darf.

Die Reihe $G(z, \zeta, \mathrm{Re}\,(s))$ ist eine konvergente Majorante für $\tilde{P}(z, \zeta, s, n)$, da die hypergeometrische Funktion

$$F(\mathrm{Re}\,(s), \mathrm{Re}\,(s); 2\,\mathrm{Re}\,(s); \alpha) \quad \text{für} \quad 0 \leq \alpha < 1$$

durch 1 nach unten abgeschätzt ist. Da $G(z, \zeta, \mathrm{Re}\,(s))$ in allen parabolischen Spitzen abfällt (s. (4.60)), gilt dasselbe für $\tilde{P}(z, \zeta, s, n)$, und aus der Stetigkeit folgt die Beschränktheit.

Um zu beweisen, daß $\tilde{P}(z, \zeta, s, n)$ im Definitionsbereich von Δ liegt, müssen wir nun nur noch zeigen, daß

$$\Delta_z\bigl(\tilde{P}(z, \zeta, s, n)\bigr) \in L^2\left(\mathfrak{F}, \frac{dx\,dy}{y^2}\right) \tag{6.5}$$

gilt. Bekanntlich lautet der Laplace-Operator im Einheitskreis, wenn man $w = u + iv$ setzt

$$\Delta_w = \frac{(1 - u^2 - v^2)^2}{4}\left(\frac{\partial^2}{\partial u^2} + \frac{\partial^2}{\partial v^2}\right). \tag{6.6}$$

Beachtet man, daß Δ_w mit den Operationen von $\Gamma^{T\zeta}$ vertauschbar ist und differenziert in (6.3) gliedweise, so erhält man

$$\Delta_z\bigl(\tilde{P}(z, \zeta, s, n)\bigr) = -s(1-s)\,\tilde{P}(z, \zeta, s, n) - s(s+n)\,\tilde{P}(z, \zeta, s+1, n). \tag{6.7}$$

Man erkennt hieraus, daß $\tilde{P}(z, \zeta, \mathrm{Re}\,(s), n) + \tilde{P}(z, \zeta, \mathrm{Re}\,(s+1), n)$ eine Majorante von $\Delta_z(\tilde{P}(z, \zeta, s, n))$ ist, also ist $\Delta_z(\tilde{P}(z, \zeta, s, n))$ beschränkt und liegt somit in $L^2\left(\mathfrak{F}, \dfrac{dx\,dy}{y^2}\right)$.

Um die zweite Aussage von Lemma 6.1 zu zeigen, schreiben wir die Differenz in der Form

$$P(z, \zeta, s, n) - \tilde{P}(z, \zeta, s, n)$$
$$= \sum_{M \in \Gamma^{T\zeta}} (M(w))^n (1 - |M(w)|^2)^s (F(s+n, s; 2s; 1 - |M(w)|^2) - 1). \tag{6.8}$$

Verwendet man die gebräuchliche Bezeichnung

$$(a)_m = \frac{\Gamma(a+m)}{\Gamma(a)}, \tag{6.9}$$

so lautet die Potenzreihen-Entwicklung von

$$F(s+n, s; 2s; 1-|w|^2) \quad \text{bei} \quad |w|^2 = 1$$

$$F(s+n, s; 2s; 1-|w|^2) = \sum_{m=0}^{\infty} \frac{(s+n)_m (s)_m}{(2s)_m \, m!} (1-|w|^2)^m, \qquad (6.10)$$

und es existiert

$$\lim_{|w|^2 \to 1} \frac{(F(s+n, s; 2s; 1-|w|^2) - 1)}{1-|w|^2} = \frac{s+n}{2}. \qquad (6.11)$$

Somit erfüllt die Funktion $w^n (1-|w|^2)^s (F(s+n, s; 2s; 1-|w|^2) - 1)$ für $\mathrm{Re}\,(s) > 0$ die Bedingung von Lemma 3.1, und die rechte Seite von (6.8) konvergiert für $\mathrm{Re}\,(s) > 0$ und für $w \sim 0$ (Γ^{T_ζ}) absolut und auf Kompakta gleichmäßig. Lemma 6.1 ist bewiesen.

Wir bemerken noch, daß $P(z, \zeta, s, n) - \tilde{P}(z, \zeta, s, n)$ durch (6.8) in $0 < \mathrm{Re}\,(s)$ als reell-analytische Funktion dargestellt wird. Dies zeigt man genau wie für $P(z, \zeta, s, n)$ in $\mathrm{Re}\,(s) > 1$, indem man w und $\bar{w}$ als unabhängige Variable betrachtet und hierfür die absolute Konvergenz beweist.

Nun wollen wir die modifizierte Poincaréreihe $\tilde{P}(z, \zeta, s, n)$ entsprechend Satz 6.1 nach Eigenfunktionen von $\varDelta$ entwickeln und die Entwicklungskoeffizienten möglichst genau berechnen. Hierfür verwenden wir die in § 2 hergeleitete Entwicklung (2.15) aus Lemma 2.1, die für automorphe Funktionen in ganz $\mathfrak{H}$ konvergiert. Es sei also $f(z)$ entweder eine quadratisch integrierbare automorphe Funktion zum Eigenwert $t(1-t)$ oder eine Eisensteinreihe $E_\iota(z, t)$. Dabei sei immer $\mathrm{Re}\,(t) = \frac{1}{2}$ oder $\frac{1}{2} < t \leqq 1$.

Wir berechnen das Skalarprodukt

$$\langle \tilde{P}(\cdot, \zeta, s, n), f \rangle = \int_{\mathfrak{F}} \tilde{P}(z, \zeta, s, n) \overline{f(z)} \, d\omega_z. \qquad (6.12)$$

Die Bereiche $M(\mathfrak{F})$, $M \in \Gamma$, überdecken die obere Halbebene bis auf eine Menge vom Maß 0 zweimal. Wir bezeichnen wieder die Funktion

$(\rho, \varphi) \mapsto f\left(\dfrac{\zeta - \bar{\zeta} \rho e^{i\varphi}}{1 - \rho e^{i\varphi}} \right)$ mit $f(\rho, \varphi)$. Beachtet man, daß für $n \geqq 0$ gilt

$$w^n (1-|w|^2)^s = \rho^{|n|} (1-\rho^2)^s e^{in\varphi} \qquad (6.13)$$

und für $n \leqq 0$

$$\bar{w}^{-n} (1-|w|^2)^s = \rho^{|n|} (1-\rho^2)^s e^{in\varphi}, \qquad (6.14)$$

so erhält man, wenn man von der oberen Halbebene in den Einheitskreis übergeht und die Γ-Invarianz von f verwendet

$$\langle \tilde{P}(\cdot, \zeta, s, n), f \rangle = 2 \int_{\mathfrak{E}} \rho^{|n|} (1-\rho^2)^s e^{in\varphi} \overline{f(\rho, \varphi)} \, d\omega_{\rho, \varphi}, \qquad (6.15)$$

wobei $d\omega_{\rho,\varphi}$ das invariante Volumenelement

$$d\omega_{\rho,\varphi} = \frac{4\rho\,d\rho\,d\varphi}{(1-\rho^2)^2} \qquad (6.16)$$

bedeutet. Damit bekommt man nach dem Satz von Fubini

$$\langle \tilde{P}(\cdot,\zeta,s,n),f\rangle = 8\int_0^1\int_0^{2\pi} \rho^{|n|+1}(1-\rho^2)^{s-2}\,\overline{f(\rho,\varphi)}\,e^{in\varphi}\,d\varphi\,d\rho. \qquad (6.17)$$

Für $t=1$ ist $1-t=0$ und f eine Konstante C (vgl. Roelcke [10], Satz 5.1). Für $n\neq 0$ verschwindet dann das innere Integral. Für $n=0$ haben wir

$$\langle \tilde{P}(\cdot,\zeta,s,0),C\rangle = 16\pi\,\overline{C}\int_0^1(1-\rho^2)^{s-2}\rho\,d\rho = \frac{8\pi\overline{C}}{s-1}. \qquad (6.18)$$

Für $t\neq 1$ tragen wir die absolut konvergente Entwicklung

$$f(\rho,\varphi) = \sum_{m=-\infty}^{\infty} \alpha_m\,\rho^{|m|}(1-\rho^2)^t\,F(t+|m|,t;|m|+1;\rho^2)\,e^{im\varphi} \qquad (2.15)$$

ein und vertauschen die Summation mit der φ-Integration, was durch die absolute Konvergenz von (2.15) gerechtfertigt ist. Dann erhalten wir

$$\langle \tilde{P}(\cdot,\zeta,s,n),f\rangle = 8\int_0^1\left\{\sum_{m=-\infty}^{\infty}\bar{\alpha}_m\,\rho^{|n|+|m|+1}(1-\rho^2)^{s+\bar{t}-2}\right.$$
$$\left.\cdot\,\overline{F(t+|m|,t;|m|+1;\rho^2)}\int_0^{2\pi}e^{i(n-m)\varphi}\,d\varphi\right\}d\rho \qquad (6.19)$$
$$= 16\pi\,\bar{\alpha}_n\int_0^1\rho^{2|n|+1}(1-\rho^2)^{s+\bar{t}-2}\,\overline{F(t+|m|,t;|m|+1;\rho^2)}\,d\rho.$$

Hier ersetzt man ρ^2 durch ρ und $2\rho\,d\rho$ durch $d\rho$ und erhält

$$\langle \tilde{P}(\cdot,\zeta,s,n),f\rangle = 8\pi\,\bar{\alpha}_n\int_0^1\rho^{|n|}(1-\rho)^{s+\bar{t}-2}$$
$$\cdot\,\overline{F(t+|m|,t;|m|+1;\rho)}\,d\rho. \qquad (6.20)$$

Nun setzen wir für die hypergeometrische Funktion die Potenzreihe (6.10) ein und integrieren gliedweise, was wegen der absoluten Konvergenz gerechtfertigt ist. Dann kommt heraus

$$\langle \tilde{P}(\cdot,\zeta,s,n),f\rangle = 8\pi\,\bar{\alpha}_n\sum_{m=0}^{\infty}\frac{(\bar{t}+|n|)_m(\bar{t})_m}{(|n|+1)_m\,m!}\int_0^1\rho^{|n|+m}(1-\rho)^{s+\bar{t}-2}\,d\rho. \qquad (6.21)$$

Das verbleibende Integral ist ein bekanntes Beta-Integral, und es ergibt sich

$$\langle \tilde{P}(\cdot,\zeta,s,n),f\rangle = \frac{8\pi\,\bar{\alpha}_n\,|n|!\,\Gamma(s+\bar{t}-1)}{\Gamma(|n|+s+\bar{t})}\sum_{m=0}^{\infty}\frac{(\bar{t}+n)_m(\bar{t})_m}{(|n|+s+\bar{t})_m\,m!}$$

$$= \frac{8\pi\,\bar{\alpha}_n\,|n|!\,\Gamma(s+\bar{t}-1)}{\Gamma(|n|+s+\bar{t})}\,F(\bar{t}+|n|,\bar{t};|n|+s-\bar{t};1). \tag{6.22}$$

Die hypergeometrische Funktion kann hier nach Bateman [1], 2.1.3, S. 61, Formel (14), ausgewertet werden:

$$F(\bar{t}+|n|,\bar{t};s+\bar{t}+|n|;1)=\frac{\Gamma(s+\bar{t}+|n|)\,\Gamma(s-\bar{t})}{\Gamma(s)\,\Gamma(s+|n|)}. \tag{6.23}$$

Somit erhält man

Lemma 6.2. *Ist $f(z)$ eine automorphe Funktion zum reellen Eigenwert $t(1-t)>0$, so gilt*

$$\langle \tilde{P}(\cdot,\zeta,s,n),f\rangle = 8\pi\,\bar{\alpha}_n\,|n|!\,\frac{\Gamma(s+\bar{t}-1)\,\Gamma(s-\bar{t})}{\Gamma(s)\,\Gamma(s+|n|)}. \tag{6.24}$$

Hierbei bedeutet α_n den konstanten n-ten Koeffizienten in der Entwicklung (2.15) von f zum Punkt ζ. Ist $t=1$, so ist $f=C$ eine Konstante, und es gilt

$$\langle \tilde{P}(\cdot,\zeta,s,n),C\rangle = \delta_{n,0}\,\frac{8\pi\,\bar{C}}{s-1}. \tag{6.25}$$

Wir formulieren das Ergebnis als

Satz 6.2. *Lautet die Entwicklung der automorphen Funktion e_μ zum Eigenwert $t_\mu(1-t_\mu)$ aus Satz 6.1 zum Punkt ζ*

$$e_\mu(z)=\sum_{m=-\infty}^{\infty}a_{\mu,m}\,\rho^{|m|}(1-\rho^2)^{t_\mu}F(t_\mu+|m|,t_\mu;|m|+1;\rho^2)e^{im\varphi} \tag{6.26}$$

und die Entwicklung der Eisensteinreihe $E_\iota(z,t)$ zum Punkt ζ

$$E_\iota(z,t)=\sum_{m=-\infty}^{\infty}b_{m,\iota}(t)\,\rho^{|m|}(1-\rho^2)^t F(t+|m|,t;|m|+1;\rho^2)e^{im\varphi}, \tag{6.27}$$

so gilt die Entwicklung

$$\tilde{P}(z,\zeta,s,n)=\delta_{0,n}\frac{8\pi}{(s-1)\sqrt{\mathrm{Vol}(\mathfrak{F})}}$$

$$+\frac{8\pi\,|n|!}{\Gamma(s)\,\Gamma(s+|n|)}\sum_{\mu\in\mathbb{N}}\overline{a_{\mu,n}}\,\Gamma(s-\bar{t}_\mu)\,\Gamma(s+\bar{t}_\mu-1)\,e_\mu(z)$$

$$+\frac{2\,|n|!}{\Gamma(s)\,\Gamma(s+|n|)}\sum_{\iota=1}^{p}\int_{-\infty}^{\infty}b_{n,\iota}(\tfrac{1}{2}-ir)\,\Gamma(s-\tfrac{1}{2}+ir) \tag{6.28}$$

$$\cdot\,\Gamma(s-\tfrac{1}{2}-ir)\,E_\iota(z,\tfrac{1}{2}+ir)\,dr.$$

Die Konvergenz ist absolut und auf Kompakta gleichmäßig.

Zum Beweis ist lediglich noch zu bemerken, daß

$$\overline{b_{m,\iota}(t)} = b_{m,\iota}(\bar{t}) \qquad (6.29)$$

gilt.

Auf der Entwicklung (6.28) beruht nun die analytische Fortsetzung der Funktion $\tilde{P}(z, \zeta, s, n)$ in den Streifen $0 < \mathrm{Re}(s) \leq 1$. Der Term

$$\delta_{0,n} \frac{8\pi}{(s-1)(\mathrm{Vol}(\mathfrak{F}))^2}$$

ist ersichtlich eine in ganz $\mathbb{C}$ meromorphe Funktion. Bei den beiden anderen Termen ist die Frage, für welche s die Reihe bzw. das Integral noch konvergiert. Um eine Abschätzung zu erhalten, verwendet man die Funktionalgleichung der Γ-Funktion und bekommt

$$|\Gamma(s-\bar{t}_\mu)\Gamma(s+\bar{t}_\mu-1)| \leq \frac{1}{|s-\bar{t}_\mu||s+\bar{t}_\mu-1|}|\Gamma(s+1-\bar{t}_\mu)\Gamma(s+\bar{t}_\mu)| \quad (6.30)$$

und

$$|\Gamma(s-\tfrac{1}{2}+ir)\Gamma(s-\tfrac{1}{2}-ir)| \leq \frac{1}{|s-\tfrac{1}{2}+ir||s-\tfrac{1}{2}-ir|} \qquad (6.31)$$
$$\cdot |\Gamma(s+\tfrac{1}{2}+ir)\Gamma(s+\tfrac{1}{2}-ir)|.$$

Für große $\mathrm{Im}\,(t_\mu)$ und große r liefert dies, wenn s in einem fest gewählten Kompaktum liegt, die Abschätzungen

$$|\Gamma(s-\bar{t}_\mu)\Gamma(s+\bar{t}_\mu-1)| \leq |\Gamma(s+1-\bar{t}_\mu)\Gamma(s+\bar{t}_\mu)| \qquad (6.32)$$

und

$$|\Gamma(s-\tfrac{1}{2}+ir)\Gamma(s-\tfrac{1}{2}-ir)| \leq |\Gamma(s+\tfrac{1}{2}+ir)\Gamma(s+\tfrac{1}{2}-ir)|. \qquad (6.33)$$

Die Summe

$$\sum_{\mu \in \mathbb{N}} \overline{a_{\mu,n}}\,\Gamma(s-\bar{t}_\mu)\Gamma(s+\bar{t}_\mu-1)e_\mu(z)$$

konvergiert also für $0 < \mathrm{Re}\,(s) \leq 1$ immer dann absolut und auf Kompakta gleichmäßig, wenn $s \neq \bar{t}_\mu$ und $s \neq 1 - \bar{t}_\mu$ ist, denn dann ist die Konvergenz eine Folge der Konvergenz an der Stelle $s+1$. An den genannten Ausnahmestellen hat die durch die Summe dargestellte Funktion Pole.

Für die in $\mathrm{Re}\,(s) > 1$ durch das Integral dargestellte Funktion

$$P_\iota(z, \zeta, s, n) = \int_{-\infty}^{\infty} b_{n,\iota}(\tfrac{1}{2}-ir)\Gamma(s-\tfrac{1}{2}+ir) \qquad (6.34)$$
$$\cdot \Gamma(s-\tfrac{1}{2}-ir)E_\iota(z, \tfrac{1}{2}+ir)\,dr$$

liegt der Fall ein wenig komplizierter, denn das Integral existiert für kein s mit Re $(s)=\frac{1}{2}$, da dann die Γ-Funktionen auf dem Integrationsweg Pole besitzen. Wir behandeln den Fall Re $(s)\leq\frac{1}{2}$, indem wir die Residuen berücksichtigen. Hierzu setzen wir

$$\tfrac{1}{2}+ir=t. \tag{6.35}$$

Dann ist

$$\tfrac{1}{2}-ir=\bar{t}=1-t, \tag{6.36}$$

und wir können das Integral als komplexes Linienintegral auffassen, indem wir schreiben

$$P_\iota(z,\zeta,s,n)=\frac{1}{i}\int_{\frac{1}{2}-i\infty}^{\frac{1}{2}+i\infty} b_{n,\iota}(1-t)\,\Gamma(s+t-1)\,\Gamma(s-t)\,E_\iota(z,t)\,dt. \tag{6.37}$$

Der Integrationsweg verläuft entlang der Geraden Re $(t)=\frac{1}{2}$. Aus Roelcke [11], S. 299, Satz 10.4, entnehmen wir, daß $E_\iota(z,t)$ auf der Geraden Re $(t)=\frac{1}{2}$ holomorph ist. Dasselbe gilt natürlich für $b_{n,\iota}(t)$, da diese Funktion ein Entwicklungskoeffizient von $E_\iota(z,t)$ ist. Dagegen liegen wegen der Γ-Funktionen Pole des Integranden als Funktion von t bei $t=s$ und bei $t=1-s$.

Das Residuum bei $t=s$ ist

$$\operatorname*{Res}_{t=s} b_{n,\iota}(1-t)\,\Gamma(s+t-1)\,\Gamma(s-t)\,E_\iota(z,t)$$
$$=-b_{n,\iota}(1-s)\,\Gamma(2s-1)\,E_\iota(z,s), \tag{6.38}$$

und bei $t=1-s$

$$\operatorname*{Res}_{t=1-s} b_{n,\iota}(1-t)\,\Gamma(s+t-1)\,\Gamma(s-t)\,E_\iota(z,t)$$
$$=b_{n,\iota}(s)\,\Gamma(2s-1)\,E_\iota(z,1-s). \tag{6.39}$$

Ist nun Re $(s)>\frac{1}{2}$, aber genügend klein, so können wir das Integral mit einem abgeänderten Integrationsweg $\mathfrak{C}$ betrachten, der rechts an s und links an $1-s$ vorbeigeht, aber ohne daß man bei der Veränderung des Wegs einen anderen Pol des Integranden trifft. Der Wert dieses Integrals ist dann nach dem Residuensatz

$$\frac{1}{i}\int_{\mathfrak{C}} b_{n,\iota}(1-t)\,\Gamma(s+t-1)\,\Gamma(s-t)\,E_\iota(z,t)\,dt$$
$$=P_\iota(z,\zeta,s,n)-2\pi\,\Gamma(2s-1) \tag{6.40}$$
$$\cdot\big(b_{n,\iota}(s)\,E_\iota(z,1-s)+b_{n,\iota}(1-s)\,E_\iota(z,s)\big).$$

In dieser Formel kann nun s nach links wandern, ohne den Integrationsweg zu kreuzen, und wir haben eine für Re $(s)>0$ gültige Darstellung von $P_{\iota}(z, \zeta, s, n)$. Für Re $(s) < \frac{1}{2}$ können wir dann, ohne etwas zu ändern, statt $\mathfrak{C}$ den alten Integrationsweg, die Gerade Re $(t) = \frac{1}{2}$, wählen. Somit gilt

Satz 6.3. *Die modifizierte Poincaréreihe $\tilde{P}(z, \zeta, s, n)$ ist als meromorphe Funktion von s in den Bereich Re $(s) > 0$ analytisch fortsetzbar. Für Re $(s) > \frac{1}{2}$ gilt die Darstellung (6.28) aus Satz 6.2, während für Re $(s) < \frac{1}{2}$ der Term*

$$\frac{4\pi |n|! \, \Gamma(2s-1)}{\Gamma(s)\Gamma(s+|n|)} \sum_{\iota=1}^{p} \left(b_{n,\iota}(s) E_{\iota}(z, 1-s) + b_{n,\iota}(1-s) E_{\iota}(z, s) \right) \qquad (6.41)$$

auf der rechten Seite hinzukommt.

Wegen Lemma 6.1 ist damit auch $P(z, \zeta, s, n)$ in den Bereich Re $(s) > 0$ analytisch fortgesetzt. Die weitere analytische Fortsetzung erfolgt mit Hilfe einer Funktionalgleichung, die $P(z, \zeta, s, n)$ mit $P(z, \zeta, 1-s, n)$ in Beziehung setzt. Beim Beweis dieser Funktionalgleichung verwenden wir die jetzt bewiesene Tatsache, daß $P(z, \zeta, s, n)$ und $P(z, \zeta, 1-s, n)$ in den Bereich $0 < \text{Re}\,(s) < 1$ analytisch fortsetzbar sind.

Wir benötigen allerdings die etwas weitergehende Tatsache, daß $P(z, \zeta, s, n)$ in $0 < \text{Re}\,(s) < 1$ eine Eigenfunktion von $-\Delta$ zum Eigenwert $s(1-s)$ ist. Da $\tilde{P}(z, \zeta, s, n) - P(z, \zeta, s, n)$ als reell-analytische Funktion in Re $(s) > 0$ fortgesetzt ist und die Reihe dort gliedweise ableitbar ist, genügt es natürlich zu zeigen, daß auch in $0 < \text{Re}\,(s) \leq 1$ die Identität (6.7) gilt. Zu diesem Zweck schreiben wir (6.7) mit einem festen, reellen $t > 1$ in der Form

$$-\Delta_z\left(\tilde{P}(z, \zeta, s, n)\right) - t(1-t)\,\tilde{P}(z, \zeta, s, n) \qquad (6.42)$$
$$= \left(s(1-s) - t(1-t)\right)\tilde{P}(z, \zeta, s, n) + s(s+|n|)\,\tilde{P}(z, \zeta, s+1, n).$$

Auf beiden Seiten von (6.42) wenden wir den Integral-Operator G_t an, der für $t > 1$ gegeben ist durch

$$(G_t f)(z) = \int_{\mathfrak{F}} G_1(z, \zeta, t) f(\zeta)\, d\omega_\zeta. \qquad (6.43)$$

Wie man aus Roelcke [11], Satz 7.1, entnimmt, ist dieser Operator die Resolvente $(-\Delta - t(1-t))^{-1}$ des Operators $-\tilde{\Delta}$, der selbstadjungierten Fortsetzung von $-\Delta$. Dann ergibt sich aus (6.42) die Identität

$$\tilde{P}(z, \zeta, s, n) = \left(s(1-s) - t(1-t)\right)(G_t \tilde{P})(z, \zeta, s, n) \qquad (6.44)$$
$$+ s(s+|n|)(G_t \tilde{P})(z, \zeta, s+1, n).$$

Diese Identität gilt nach der analytischen Fortsetzung von $\tilde{P}(z, \zeta, s, n)$ auch für $0 < \mathrm{Re}\,(s) \leqq 1$, und hieraus folgt dann wie bei den Eisensteinreihen die zweimal stetige Differenzierbarkeit und die Identität (6.42) für $0 < \mathrm{Re}\,(s) \leqq 1$.

Um die angekündigte Funktionalgleichung für $P(z, \zeta, s, n)$ herzuleiten, betrachten wir im gemeinsamen Definitionsbereich von $P(z, \zeta, s, n)$ und $P(z, \zeta, 1-s, n)$ die Differenz

$$Q(z, \zeta, s, n) = \frac{\Gamma(1-2s)}{\Gamma(1-s)\Gamma(1-s+|n|)} P(z, \zeta, s, n)$$
$$- \frac{\Gamma(2s-1)}{\Gamma(s)\Gamma(s+|n|)} P(z, \zeta, 1-s, n). \tag{6.45}$$

Natürlich ist $Q(z, \zeta, s, n)$ eine Eigenfunktion von $-\Delta$ zum Eigenwert $s(1-s)$. Wir wollen zeigen, daß $Q(z, \zeta, s, n)$ sich als Linearkombination von Eisensteinreihen mit von z unabhängigen, in s meromorphen Koeffizienten darstellen läßt. Zunächst wollen wir uns überlegen, daß $Q(z, \zeta, s, n)$ an der Stelle $z = \zeta$ regulär bleibt. Wir beschränken uns wieder auf den Fall $n \geqq 0$. Die Singularität von $P(z, \zeta, s, n)$ rührt allein von den Termen in der Summe mit $M = \pm E$ her. Deshalb besitzt

$$P(z, \zeta, s, n) - 2w^n (1-|w|^2)^s F(s+n, s; 2s; 1-|w|^2)$$

als Funktion von z in einer Umgebung der Stelle ζ eine Entwicklung der Form (2.15), die auch für die analytische Fortsetzung gültig bleibt. Um die Regularität von $Q(z, \zeta, s, n)$ bei $z = \zeta$ zu beweisen, genügt es demnach zu zeigen, daß

$$Q_0(z, \zeta, s, n) = \frac{2\Gamma(1-2s)w^n}{\Gamma(s)\Gamma(s+n)} (1-|w|^2)^s F(s+n, s; 2s; 1-|w|^2)$$
$$- \frac{2\Gamma(2s-1)w^n}{\Gamma(1-s)\Gamma(1-s+n)} (1-|w|^2)^s \tag{6.46}$$
$$\cdot F(1-s+n, 1-s; 2-2s; 1-|w|^2)$$

für $w \to 0$ regulär bleibt. Hier kann man aber aus Bateman [1], S. 108, 2.10, Formel (1), entnehmen, daß gilt

$$Q_0(z, \zeta, s, n) = \frac{2w^n}{\Gamma(n+1)} (1-|w|^2)^s F(s+n, s; n+1; |w|^2), \tag{6.47}$$

und die Regularität von Q_0 und damit von Q an der Stelle $z = \zeta$ ist gezeigt.

Wir untersuchen nun das Verhalten von $Q(z, \zeta, s, n)$ in den parabolischen Spitzen ξ_ι $(\iota = 1, \ldots, p)$. Die Funktion $P(z, \zeta, s, n)$ erfüllt als Funktion von z für $\mathrm{Re}\,(s) > 1$ in allen parabolischen Spitzen die Voraussetzungen von Lemma 2.2 (für die Beschränktheit vgl. Korollar 4.1) und hat deshalb dort Entwicklungen der Form (2.35), die wir hier mit etwas anderen Bezeichnungen anschreiben:

$$P(z, \zeta, s, n) = \beta_{0,\iota}(\zeta, s, n)\, y_\iota^{1-s} + \sum_{\substack{m=-\infty \\ m \neq 0}}^{\infty} \beta_{m,\iota}(\zeta, s, n)\, y_\iota^{\frac{1}{2}} \tag{6.48}$$

$$\cdot K_{s-\frac{1}{2}}(2\pi |m|\, y_\iota)\, e^{2\pi i m x_\iota} \qquad (\iota = 1, \ldots, p).$$

Diese Entwicklung gilt nun natürlich in dem größeren Bereich $\mathrm{Re}\,(s) > 0$. Setzt man nun für $m \neq 0$

$$d_{m,\iota}(\zeta, s, n) = \frac{\Gamma(1-2s)}{\Gamma(1-s)\,\Gamma(1-s+|n|)}\, \beta_{m,\iota}(\zeta, s, n)$$

$$- \frac{\Gamma(2s-1)}{\Gamma(s)\,\Gamma(s+|n|)}\, \beta_{m,\iota}(\zeta, 1-s, n), \tag{6.49}$$

und beachtet

$$K_{s-\frac{1}{2}}(z) = K_{\frac{1}{2}-s}(z),$$

so erhält man in $0 < \mathrm{Re}\,(s) < 1$ für $Q(z, \zeta, s, n)$ die Entwicklung $(\iota = 1, \ldots, p)$

$$Q(z, \zeta, s, n) = \frac{\Gamma(1-2s)}{\Gamma(1-s)\,\Gamma(1-s+|n|)}\, \beta_{0,\iota}(\zeta, s, n)\, y_\iota^{1-s}$$

$$- \frac{\Gamma(2s-1)}{\Gamma(s)\,\Gamma(s+|n|)}\, \beta_{0,\iota}(\zeta, 1-s, n)\, y_\iota^{s} \tag{6.50}$$

$$+ \sum_{\substack{m=-\infty \\ m \neq 0}}^{\infty} d_{m,\iota}(\zeta, s, n)\, y_\iota^{\frac{1}{2}}\, K_{s-\frac{1}{2}}(2\pi |m|\, y_\iota)\, e^{2\pi i m x_\iota}.$$

Setzen wir nun $\frac{1}{2} < \mathrm{Re}\,(s) < 1$ und $\mathrm{Im}\,(s) \neq 0$ voraus! Wir betrachten jetzt die Funktion

$$Q_1(z, \zeta, s, n) = Q(z, \zeta, s, n) + \frac{\Gamma(2s-1)}{\Gamma(s)\,\Gamma(s+|n|)}$$

$$\cdot \sum_{\iota=1}^{p} \beta_{0,\iota}(\zeta, 1-s, n)\, E_\iota(z, s). \tag{6.51}$$

Beachtet man die Entwicklung (4.33) der Eisensteinreihe aus Satz 4.1, so erkennt man, daß die Funktion $Q_1(z, \zeta, s, n)$ in der parabolischen Spitze ξ_ι durch eine von z unabhängige Konstante C mal y_ι^{1-s} abgeschätzt wird. Nun ist aber für $\mathrm{Re}(s) > \frac{1}{2}$

$$\int\limits_B^\infty |y^{2-2s}| \frac{dy}{y^2} < \infty. \tag{6.52}$$

Somit ist $Q_1(z, \zeta, s, n)$ eine quadratisch integrierbare Eigenfunktion von $-\Delta$ zum Eigenwert $s(1-s) \notin \mathbb{R}$, also gilt

$$Q_1(z, \zeta, s, n) = 0 \tag{6.53}$$

und

$$Q(z, \zeta, s, n) = -\frac{\Gamma(2s-1)}{\Gamma(s)\Gamma(s+|n|)} \sum_{\iota=1}^p \beta_{0,\iota}(\zeta, 1-s, n) E_\iota(z, s). \tag{6.54}$$

Die Funktion auf der rechten Seite ist für $\mathrm{Re}(s) < 1$ meromorph, also wird $Q(z, \zeta, s, n)$ durch (6.54) in diesen Bereich analytisch fortgesetzt. Also gilt

Satz 6.4. *Die Poincaréreihe $P(z, \zeta, s, n)$ ist als meromorphe Funktion von s in die ganze komplexe Ebene analytisch fortsetzbar. Bedeutet $\beta_{0,\iota}(\zeta, s, n)$ den Koeffizienten von y_ι^{1-s} in der Entwicklung von $P(z, \zeta, s, n)$ zur parabolischen Spitze ξ_ι, so gilt die Funktionalgleichung*

$$\frac{\Gamma(1-2s)}{\Gamma(1-s)\Gamma(1-s+|n|)} P(z, \zeta, s, n)$$

$$= \frac{\Gamma(2s-1)}{\Gamma(s)\Gamma(s+|n|)} P(z, \zeta, 1-s, n) - \frac{\Gamma(2s-1)}{\Gamma(s)\Gamma(s+|n|)} \tag{6.55}$$

$$\cdot \sum_{\iota=1}^p \beta_{0,\iota}(\zeta, 1-s, n) E_\iota(z, s).$$

Jetzt gehen wir zur analytischen Fortsetzung der Poincaréreihen zu parabolischen Spitzen über. Wir müssen dabei ganz ähnlich wie bei den Reihen zu inneren Punkten vorgehen, obgleich die Formeln etwas anders aussehen.

Definition 6.2. *Die modifizierte Poincaréreihe $\tilde{P}(z, \xi_\iota, s, n)$ zu einer parabolischen Spitze ξ_ι sei definiert durch (vgl. Def. 3.2, Formel (3.32))*

$$\tilde{P}(z, \xi_\iota, s, n) = \frac{(\pi|n|)^{s-\frac{1}{2}}}{\Gamma(s+\frac{1}{2})} \sum_{M \in \Gamma_{\xi_\iota} \backslash \Gamma} y_{\iota M}^s e^{-2\pi|n|y_{\iota M}} e^{2\pi i n x_{\iota M}}. \tag{6.56}$$

Dabei ist $n \neq 0$ und $\mathrm{Re}(s) > 1$.

Ähnliche Reihen hat Selberg in [14] betrachtet und analytisch fortgesetzt. Auf jene Arbeit geht unsere Methode der analytischen Fortsetzung zurück. Allerdings tritt dort kein Beitrag des kontinuierlichen Spektrums auf, und alle Konvergenzfragen übergeht Selberg mit Stillschweigen. Hier gilt

Lemma 6.3. *Die modifizierte Poincaréreihe $\tilde{P}(z, \xi_\iota, s, n)$ ist als Funktion von z beschränkt, stetig, reell-analytisch und liegt im Definitionsbereich von Δ. Die Funktion $P(z, \xi_\iota, s, n) - \tilde{P}(z, \xi_\iota, s, n)$ wird durch die Reihe, die durch gliedweise Subtraktion entsteht, in den Bereich $\mathrm{Re}\,(s) > 0$ analytisch fortgesetzt.*

Die Reihe

$$\sum_{\substack{M \in \Gamma_{\xi_\iota} \backslash \Gamma \\ M \notin \Gamma_{\xi_\iota}}} y_{\iota M}^s \, e^{-2\pi|n|\,y_{\iota M}} \, e^{2\pi i n x_{\iota M}}$$

besitzt als konvergente Majorante

$$\sum_{\substack{M \in \Gamma_{\xi_\iota} \backslash \Gamma \\ M \notin \Gamma_{\xi_\iota}}} y_{\iota M}^{\mathrm{Re}\,(s)} = E_\iota\bigl(z, \mathrm{Re}\,(s)\bigr) - y_\iota^{\mathrm{Re}\,(s)}.$$

Hieraus folgen Beschränktheit und Stetigkeit. Daß $\tilde{P}(z, \xi_\iota, s, n)$ reell-analytisch von z abhängt, beweist man genau wie bei $P(z, \xi_\iota, s, n)$. Das Analogon zur Identität (6.7) ist hier die Identität

$$\Delta\bigl(\tilde{P}(z, \xi_\iota, s, n)\bigr) = -s(1-s)\,\tilde{P}(z, \xi_\iota, s, n) \tag{6.57}$$
$$-4\pi|n|\,s\tilde{P}(z, \xi_\iota, s+1, n).$$

Damit ist die erste Hälfte von Lemma 6.3 bewiesen.

Für die zweite Hälfte müssen wir uns das Verhalten von

$$y^{\frac{1}{2}} I_{s-\frac{1}{2}}(2\pi|n|\,y) - \frac{(\pi|n|)^{s-\frac{1}{2}}}{\Gamma(s+\frac{1}{2})}\,y^s e^{-2\pi|n|\,y}$$

für $y \to 0$ überlegen. Aus der Potenzreihen-Entwicklung (2.23) und der Entwicklung der e-Funktion folgt aber sofort, daß

$$\lim_{y \to 0} y^{-s-1}\left\{ y^{\frac{1}{2}} I_{s-\frac{1}{2}}(2\pi|n|\,y) - \frac{(\pi|n|)^{s-\frac{1}{2}}}{\Gamma(s+\frac{1}{2})}\,y^s e^{-2\pi|n|\,y} \right\} \tag{6.58}$$

existiert, denn die 0-ten Koeffizienten heben sich gerade weg. Damit ist Lemma 6.3 bewiesen.

Es sei nun wie in (6.12) f eine automorphe Funktion zum reellen Eigenwert $t(1-t) \geq 0$, die in der Entwicklung (6.2) vorkommt. Dann ist

$$\langle \tilde{P}(\cdot, \xi_\iota, s, n), f \rangle = \int_{\mathfrak{F}} \tilde{P}(z, \xi_\iota, s, n)\overline{f(z)}\,d\omega_z. \tag{6.59}$$

Die Bereiche $M^{-1}(\mathfrak{F})$, $M \in \Gamma_{\xi_\iota} \backslash \Gamma$, überdecken bei geeigneter Auswahl der Repräsentanten M den Streifen $0 \le x_\iota \le 1$, $0 < \eta_\iota < \infty$ bis auf eine Menge vom Maß 0 genau einmal. Deshalb gilt

$$\langle \tilde{P}(\cdot, \xi_\iota, s, n), f \rangle = \frac{(\pi |n|)^{s-\frac{1}{2}}}{\Gamma(s+\frac{1}{2})} \int_0^\infty \int_0^1 y_\iota^s e^{-2\pi |n| y_\iota} e^{2\pi i n x_\iota} \overline{f(z)} \frac{d x_\iota\, d y_\iota}{y_\iota^2}. \qquad (6.60)$$

Ist $t = 1$ und somit f konstant, so hat das innere Integral für alle y_ι den Wert 0, denn es ist ja $n \neq 0$.

Ist $t \neq 1$, so erfüllt f entweder die Voraussetzungen von Lemma 2.2, oder f ist eine Eisensteinreihe. In jedem Fall besitzt f in der parabolischen Spitze ξ_ι eine Fourierentwicklung der Form

$$f(z) = \tilde{\gamma}_{0,\iota}(t) y_\iota^t + \gamma_{0,\iota}(t) y_\iota^{1-t}$$
$$+ \sum_{\substack{m=-\infty \\ m \neq 0}}^{\infty} \gamma_{n,\iota}(t) y_\iota^{\frac{1}{2}} \overline{K_{t-\frac{1}{2}}(2\pi |m| y_\iota)} e^{2\pi i m x_\iota}, \qquad (6.61)$$

die in der ganzen oberen Halbebene absolut und auf Kompakta gleichmäßig konvergiert. Diese Entwicklung tragen wir in (6.60) ein, vertauschen die Summation mit der x_ι-Integration und führen die x_ι-Integration aus. Dies alles ist durch die absolute Konvergenz von (6.61) gerechtfertigt, und es ergibt sich

$$\langle \tilde{P}(\cdot, \xi_\iota, s, n), f \rangle = \frac{(\pi |n|)^{s-\frac{1}{2}} \overline{\gamma_{n,\iota}(t)}}{\Gamma(s+\frac{1}{2})}$$
$$\cdot \int_0^\infty y^{s-\frac{3}{2}} e^{-2\pi |n| y} \overline{K_{t-\frac{1}{2}}(2\pi |n| y)}\, d y. \qquad (6.62)$$

Ersetzt man hier $2\pi |n| y$ durch y, so erhält man

$$\langle \tilde{P}(\cdot, \xi_\iota, s, n), f \rangle = \frac{2^{\frac{1}{2}-s} \overline{\gamma_{n,\iota}(t)}}{\Gamma(s+\frac{1}{2})} \int_0^\infty y^{s-\frac{3}{2}} e^{-y} \overline{K_{t-\frac{1}{2}}(y)}\, d y. \qquad (6.63)$$

Zur Berechnung dieses Integrals tragen wir für die Besselfunktion die Darstellung aus Watson [16], 6.15, Formel (4) ein; sie lautet

$$K_\nu(z) = \frac{\Gamma(\frac{1}{2})(\frac{1}{2}z)^\nu}{\Gamma(\nu+\frac{1}{2})} \int_1^\infty e^{-z\tau} (\tau^2 - 1)^{\nu-\frac{1}{2}}\, d\tau. \qquad (6.64)$$

Das Resultat ist, wenn man $\overline{K_\nu(z)} = K_{\bar{\nu}}(z)$ $(z \in \mathbb{R})$ beachtet,

$$\langle \tilde{P}(\cdot, \xi_\iota, s, n), f \rangle = \frac{2^{1-s-\bar{t}} \Gamma(\frac{1}{2}) \overline{\gamma_{n,\iota}(t)}}{\Gamma(s+\frac{1}{2}) \Gamma(\bar{t})}$$
$$\cdot \int_0^\infty y^{s+\bar{t}-2} e^{-y} \int_1^\infty e^{-y\tau} (\tau^2 - 1)^{\bar{t}-1}\, d\tau\, d y. \qquad (6.65)$$

Hier kann man wegen der absoluten Konvergenz die Integrationsreihenfolge vertauschen und dann im inneren Integral y durch $\dfrac{y}{1+\tau}$ ersetzen. Dann zerfällt das Doppelintegral in ein Produkt von zwei einfachen Integralen, und es gilt

$$\langle \tilde{P}(\cdot,\xi_\iota,s,n),f\rangle = \frac{2^{1-s-\bar{\iota}}\,\Gamma(\tfrac{1}{2})\,\overline{\gamma_{n,\iota}(t)}}{\Gamma(s+\tfrac{1}{2})\,\Gamma(\bar{\iota})}$$
$$\cdot \int_1^\infty (\tau^2-1)^{\bar{\iota}-1}(1+\tau)^{1-s-\bar{\iota}}\,d\tau \int_0^\infty y^{s+\bar{\iota}-2}\,e^{-y}\,dy. \tag{6.66}$$

Das erste Integral ist ein Beta-Integral, das zweite ein Γ-Integral, und so ergibt sich schließlich

$$\langle \tilde{P}(\cdot,\xi_\iota,s,n),f\rangle = \frac{2^{1-2s}\sqrt{\pi}\,\Gamma(s-\bar{\iota})\,\Gamma(s+\bar{\iota}-1)\,\overline{\gamma_{n,\iota}(t)}}{\Gamma(s)\,\Gamma(s+\tfrac{1}{2})}$$
$$= \frac{\Gamma(s-\bar{\iota})\,\Gamma(s+\bar{\iota}-1)}{\Gamma(2s)}\,\overline{\gamma_{n,\iota}(t)}, \tag{6.67}$$

wobei wir noch die Funktionalgleichung (5.3) der Γ-Funktion verwendet haben. Es gilt daher

Satz 6.5. *Lautet die Entwicklung der Eigenfunktion e_μ zum Eigenwert $t_\mu(1-t_\mu)$ in der parabolischen Spitze ξ_κ*

$$e_\mu(z) = \gamma_{0,\kappa,\mu}\,y_\kappa^{1-t_\mu} + \sum_{\substack{m=-\infty \\ m\neq 0}}^{\infty} \gamma_{m,\kappa,\mu}\,y_\kappa^{\tfrac{1}{2}}\,K_{t_\mu-\tfrac{1}{2}}(2\pi|m|y_\kappa)\,e^{2\pi i m x_\kappa} \tag{6.68}$$

und die Entwicklung der Eisensteinreihe $E_\iota(z,t)$ zur Spitze ξ_κ (vgl. 4.23)

$$E_\iota(z,t) = \delta_{\iota,\kappa}\,y_\kappa^{t} + \varphi_{\iota,\kappa}(t)\,y_\kappa^{1-t}$$
$$+ \sum_{\substack{m=-\infty \\ m\neq 0}}^{\infty} d_{m,\iota,\kappa}(t)\,y_\kappa^{\tfrac{1}{2}}\,K_{t-\tfrac{1}{2}}(2\pi|m|y_\kappa)\,e^{2\pi i m x_\kappa}, \tag{6.69}$$

so gilt die Entwicklung

$$\tilde{P}(z,\xi_\kappa,s,n) = \frac{1}{\Gamma(2s)}\sum_{\mu\in\mathbb{N}} \overline{\gamma_{n,\kappa,\mu}}\,\Gamma(s-\bar{t}_\mu)\,\Gamma(s+\bar{t}_\mu-1)\,e_\mu(z)$$
$$+ \frac{1}{4\pi\Gamma(2s)}\sum_{\iota=1}^{p}\int_{-\infty}^{\infty} d_{n,\iota,\kappa}(\tfrac{1}{2}-ir)\,\Gamma(s-\tfrac{1}{2}+ir) \tag{6.70}$$
$$\cdot\,\Gamma(s-\tfrac{1}{2}-ir)\,E_\iota(z,\tfrac{1}{2}+ir)\,dr.$$

Die Konvergenz ist absolut und auf Kompakta gleichmäßig.

Die Entwicklung sieht formal ganz gleich aus wie die Entwicklung (6.28) für $\tilde{P}(z, \zeta, s, n)$ in Satz 6.2. Insbesondere treten in den Integralen dieselben Γ-Faktoren auf wie bei $\tilde{P}(z, \zeta, s, 0)$. Die analytische Fortsetzung von $\tilde{P}(z, \xi_\iota, s, n)$ in den Bereich Re $(s) > 0$ geht demnach genauso wie die von $\tilde{P}(z, \zeta, s, n)$, und wir formulieren nur noch das Ergebnis

Satz 6.6. *Die modifizierte Poincaréreihe $\tilde{P}(z, \xi_\kappa, s, n)$ zur parabolischen Spitze ξ_κ ist als meromorphe Funktion von s in den Bereich* Re $(s) > 0$ *analytisch fortsetzbar. Für* Re $(s) > \frac{1}{2}$ *gilt die Darstellung (6.70) aus Satz 6.5, während für* Re $(s) < \frac{1}{2}$ *der Term*

$$\frac{1}{2\Gamma(2s)} \sum_{\iota=1}^{p} \left(d_{m, \iota, \kappa}(s) E_\iota(z, 1-s) + d_{m, \iota, \kappa}(1-s) E_\iota(z, s) \right) \qquad (6.71)$$

auf der rechten Seite hinzukommt.

So, wie man aus der Identität (6.7) die Tatsache hergeleitet hat, daß $P(z, \zeta, s, n)$ auch in $0 < $ Re $(s) < 1$ eine reell-analytische Eigenfunktion von $-\Delta$ zum Eigenwert $s(1-s)$ ist, zeigt man dieselbe Aussage für $P(z, \xi_\iota, s, n)$ aus der Identität (6.57).

Für die Herleitung der Funktionalgleichung betrachtet man die Differenz

$$Q(z, \xi_\iota, s, n) = P(z, \xi_\iota, s, n) - P(z, \xi_\iota, 1-s, n). \qquad (6.72)$$

Die Funktion $Q(z, \xi_\iota, s, n)$ ist für $0 < $ Re $(s) < 1$ definiert und in z reell-analytisch.

Wegen der Abschätzung (4.35) und Lemma 3.2 hat $P(z, \xi_\iota, s, n)$ in der parabolischen Spitze ξ_κ eine Fourierentwicklung der Form

$$P(z, \xi_\iota, s, n) = \delta_{\iota, \kappa} \, y_\kappa^{\frac{1}{2}} I_{s-\frac{1}{2}}(2\pi |n| y_\kappa) e^{2\pi i n x_\kappa}$$

$$+ \alpha_{0, \iota, \kappa} \, y_\kappa^{1-s} + \sum_{\substack{m=-\infty \\ m \neq 0}}^{\infty} \alpha_{m, \iota, \kappa}(s) \, y_\kappa^{\frac{1}{2}} K_{s-\frac{1}{2}}(2\pi |m| y_\kappa) e^{2\pi i m x_\kappa}. \qquad (6.73)$$

Aus Watson [16], 3.7, Formel (6), entnehmen wir, daß

$$I_{s-\frac{1}{2}}(2\pi |n| y_\kappa) - I_{\frac{1}{2}-s}(2\pi |n| y_\kappa) = \frac{2 \sin(\frac{1}{2}-s)\pi}{\pi} K_{s-\frac{1}{2}}(2\pi |n| y_\kappa) \qquad (6.74)$$

ist, und somit hat $Q(z, \xi_\iota, s, n)$ in der parabolischen Spitze ξ_κ eine Entwicklung der Form

$$Q(z, \xi_\iota, s, n) = \alpha_{0, \iota, \kappa}(s) \, y_\kappa^{1-s} - \alpha_{0, \iota, \kappa}(1-s) \, y_\kappa^{s}$$

$$+ \sum_{\substack{m=-\infty \\ m \neq 0}}^{\infty} \tilde{\alpha}_{0, \iota, \kappa}(s) \, y_\kappa^{\frac{1}{2}} K_{s-\frac{1}{2}}(2\pi |n| y_\kappa) e^{2\pi i n x_\kappa}. \qquad (6.75)$$

Dies entspricht genau der Entwicklung (6.50) für die Differenzreihe zu einem inneren Punkt, und die Herleitung der Funktionalgleichung geht wie dort weiter. Wir formulieren das Ergebnis als

Satz 6.7. *Die Poincaréreihe $P(z, \xi_\iota, s, n)$ ist als meromorphe Funktion von s in die ganze komplexe Ebene analytisch fortsetzbar. Bedeutet $\alpha_{0,\iota,\kappa}(s, n)$ den Koeffizienten von y_κ^{1-s} in der Entwicklung von $P(z, \xi_\iota, s, n)$ zur parabolischen Spitze ξ_κ, so gilt die Funktionalgleichung*

$$P(z, \xi_\iota, s, n) = P(z, \xi_\iota, 1-s, n) - \sum_{\kappa=1}^{p} \alpha_{0,\iota,\kappa}(1-s, n) E_\kappa(z, s). \quad (6.76)$$

Aus Lemma 6.1, Satz 6.2 und 6.3, Lemma 6.3, Satz 6.5 und 6.6 ziehen wir jetzt noch einige Folgerungen über die Residuen der Poincaréreihen. Es gilt

Satz 6.8. *Ist $P(z, \zeta, s, n)$ eine Poincaréreihe zu einem inneren Punkt ζ der oberen Halbebene, so ist ihr Residuum an der Stelle $s = \bar{t}_\nu$ in den Bezeichnungen von Satz 6.2 gegeben durch*

$$\operatorname*{Res}_{s=\bar{t}_\nu} P(z, \zeta, s, n) = \frac{8\pi |n|!\, \Gamma(2\bar{t}_\nu - 1)}{\Gamma(\bar{t}_\nu)\Gamma(\bar{t}_\nu + |n|)} \sum_{\substack{\mu \in \mathbb{N} \\ t_\mu = t_\nu}} \overline{a_{\mu,n}}\, e_\mu(z). \quad (6.77)$$

Ist $P(z, \xi_\kappa, s, n)$ $(n \neq 0)$ eine Poincaréreihe zu einer parabolischen Spitze ξ_κ, so ist ihr Residuum an der Stelle $s = \bar{t}_\nu$ in den Bezeichnungen von Satz 6.5 gegeben durch

$$\operatorname*{Res}_{s=\bar{t}_\nu} P(z, \xi_\kappa, s, n) = \frac{1}{2\bar{t}_\nu - 1} \sum_{\substack{\mu \in \mathbb{N} \\ t_\mu = t_\nu}} \overline{\gamma_{n,\kappa,\mu}}\, e_\mu(z). \quad (6.78)$$

Die Aussagen folgen direkt aus den Entwicklungen (6.28) und (6.70), wenn man bedenkt, daß die Integrale für $\mathrm{Re}\,(s) \geq \frac{1}{2}$ holomorphe Funktionen definieren und daß P und $\tilde{P}$ in $0 < \mathrm{Re}\,(s) < 1$ dieselben Pole haben. Aus Satz 6.8 folgt nun leicht ein Vollständigkeitssatz für die Poincaréreihen. Er lautet

Satz 6.9. *Sei ζ ein fester innerer Punkt der oberen Halbebene. Sei f eine quadratisch integrierbare automorphe Funktion zum Eigenwert $t(1-t)$. Dann liegt $t(1-t)$ im Spektrum, und es ist $t = \bar{t}$ oder $1-t = \bar{t}$. Gilt für alle*

ganzen n

$$\langle f, \operatorname*{Res}_{s=\bar t} P(z, \zeta, s, n)\rangle = 0, \tag{6.79}$$

so verschwindet f identisch.

Ist ξ_ι eine parabolische Spitze und gilt für alle $n \neq 0$

$$\langle f, \operatorname*{Res}_{s=t} P(z, \xi_\iota, s, n)\rangle = 0, \tag{6.80}$$

so verschwindet f ebenfalls identisch.

Betrachtet man alle Poincaréreihen zu einem festen inneren Punkt der oberen Halbebene oder einer parabolischen Spitze, so spannen ihre Residuen zum Punkt t den Raum der quadratisch integrierbaren automorphen Funktionen zum Eigenwert $t(1-t)$ auf.

Zum Beweis ist lediglich zu bemerken, daß eine automorphe Funktion, deren Entwicklungskoeffizienten zu einem inneren Punkt oder einer parabolischen Spitze alle verschwinden, selbst identisch 0 ist. Natürlich kann nicht der 0-te Koeffizient als einziger von 0 verschieden sein, da der zugehörige Term nicht das richtige Transformationsverhalten unter Γ besitzt.

Literatur

1. Bateman, H.: Higher transcendental functions, vol. 1. New York-Toronto-London: McGraw-Hill 1953.
2. Huber, H.: Über eine neue Klasse automorpher Funktionen und ein Gitterpunkt-Problem in der hyperbolischen Ebene I. Comm. Math. Helv. **30**, 20—62 (1955).
3. Langlands, R. P.: On the functional equations satisfied by Eisenstein Series, vervielfältigte Vorlesungsausarbeitung, Princeton 1963.
4. Maaß, H.: Über eine neue Art von nichtanalytischen automorphen Funktionen und die Bestimmung Dirichletscher Reihen durch Funktionalgleichungen. Math. Ann. **121**, 141—183 (1949).
5. Maaß, H.: Lectures on modular functions of one complex variable. Bombay: Tata Institute 1964.
6. Meister, E.: Über die Konstruktion von nichtanalytischen automorphen Formen durch Poincaré-Reihen. Diplomarbeit, Heidelberg 1956.
7. Petersson, H.: Über den Bereich der absoluten Konvergenz der Poincaréschen Reihen. Acta Math. **80**, 23—63 (1948).
8. Roelcke, W.: Über die Wellengleichung bei Grenzkreisgruppen erster Art. Sitz.-Ber. Heidelberger Akademie der Wiss., Math.-nat. Kl. 4. Abh., 1956.
9. Roelcke, W.: Analytische Fortsetzung der Eisensteinreihen zu den parabolischen Spitzen von Grenzkreisgruppen erster Art. Math. Ann. **132**, 121—129 (1956).
10. Roelcke, W.: Das Eigenwertproblem der automorphen Formen in der hyperbolischen Ebene, I. Math. Ann. **167**, 292—337 (1966).
11. Roelcke, W.: Das Eigenwertproblem der automorphen Formen in der hyperbolischen Ebene II. Math. Ann. **168**, 261—324 (1967).

12. Selberg, A.: Harmonic analysis, 2. Teil, Vorlesungsniederschrift Göttingen 1954.
13. Selberg, A.: Discontinuous groups and harmonic analysis. p. 177—189. Proc. of the International Congress of Math. Stockholm 1962.
14. Selberg, A.: On the estimation of Fourier coefficients of modular forms. Proc. of Symposia in Pure Math. Vol. VIII, Theory of Numbers, AMS, Providence, Rhode Island 1965.
15. Smithies, F.: The Fredholm theory of integral equations. Duke Math. J. **8**, 107—130 (1941).
16. Watson, G. N.: A treatise on the theory of Bessel functions, second edit. Cambridge: University Press 1966.

Wie mir während der Korrektur bekannt wurde, hat L. D. Faddeev schon 1967 die analytische Fortsetzbarkeit von $G(z, \zeta, s)$ mit anderen Methoden gezeigt, siehe

Faddeev, L. D.: Expansion in eigenfunctions of the Laplace operator on the fundamental domain of a discrete group on the Lobatchewskij plane. Trans. Moscow Math. Soc. **17**, 357—386 (1967).

Sitzungsberichte der Heidelberger Akademie der Wissenschaften

Mathematisch-naturwissenschaftliche Klasse

Erschienene Jahrgänge

Inhalt des Jahrgangs 1960/61:

1. R. Berger. Über verschiedene Differentenbegriffe. DM 8.40.
2. P. Swings. Problems of Astronomical Spectroscopy. DM 3.50.
3. H. Kopfermann. Über optisches Pumpen an Gasen. DM 5.80.
4. F. Kasch. Projektive Frobenius-Erweiterungen. DM 6.—.
5. J. Petzold. Theorie des Mößbauer-Effektes. DM 13.80.
6. O. Renner. William Bateson und Carl Correns. DM 4.—.
7. W. Rauh. Weitere Untersuchungen an Didiereaceen. 1. Teil. DM 43.80.

Inhalt des Jahrgangs 1962/64:

1. E. Rodenwaldt und H. Lehmann. Die antiken Emissare von Cosa-Ansedonia, ein Beitrag zur Frage der Entwässerung der Maremmen in etruskischer Zeit. DM 6.90.
2. Symposium über Automation und Digitalisierung in der Astronomischen Meßtechnik Herausgegeben von H. Siedentopf. DM 32.80.
3. W. Jehne. Die Struktur der symplektischen Gruppe über lokalen und dedekindschen Ringen. DM 15.40.
4. W. Doerr. Gangarten der Arteriosklerose. DM 11.40.
5. J. Kuprianoff. Probleme der Strahlenkonservierung von Lebensmitteln. DM 5.20.
6. P. Čolak-Antić. Dreidimensionale Instabilitätserscheinungen des laminarturbulenten Umschlages bei freier Konvektion längs einer vertikalen geheizten Platte. DM 14.40.

Inhalt des Jahrgangs 1965:

1. S. E. Kuss. Revision der europäischen Amphicyoninae (Canidae, Carnivora, Mam.) ausschließlich der voroberstampischen Formen. DM 38.80.
2. E. Kauker. Globale Verbreitung des Milzbrandes um 1960. DM 7.20.
3. W. Rauh und H. F. Schölch. Weitere Untersuchungen an Didieraceen. 2. Teil. DM 70.—.
4. W. Felscher. Adjungierte Funktoren und primitive Klassen. DM 18.—.

Inhalt des Jahrgangs 1966:

1. W. Rauh und I. Jäger-Zürn. Zur Kenntnis der Hydrostachyaceae. 1. Teil. DM 30.60.
2. M. R. Lemberg. Chemische Struktur und Reaktionsmechanismus der Cytochromoxydase (Atmungsferment). DM 4.80.
3. R. Berger. Differentiale höherer Ordnung und Körpererweiterungen bei Primzahlcharakteristik. DM 23.—.
4. E. Kauker. Die Tollwut in Mitteleuropa von 1953 bis 1966. DM 5.40.
5. Y. Reenpää. Axiomatische Darstellung des phänomenal-zentralnervösen Systems der sinnesphysiologischen Versuche Keidels und Mitarbeiter. DM 3.60.

Inhalt des Jahrgangs 1967/68:

1. E. Freitag. Modulformen zweiten Grades zum rationalen und Gaußschen Zahlkörper. DM 19.—.
2. H. Hirt. Der Differentialmodul eines lokalen Prinzipalrings über einem beliebigen Ring DM 9.30.
3. H. E. Suess, H. D. Zeh und J. H. D. Jensen. Der Abbau schwerer Kerne bei hohen Temperaturen. DM 4.20.
4. H. Puchelt. Zur Geochemie des Bariums im exogenen Zyklus. DM 54.—.
5. W. Hückel. Die Entwicklung der Hypothese vom nichtklassischen Ion. DM 11.20.